知られざる拓北農兵隊の記録

鵜澤希伊子 編著
uzawa kiiko

ウド

高文研

蕗の薹

かたつむり

とうきび

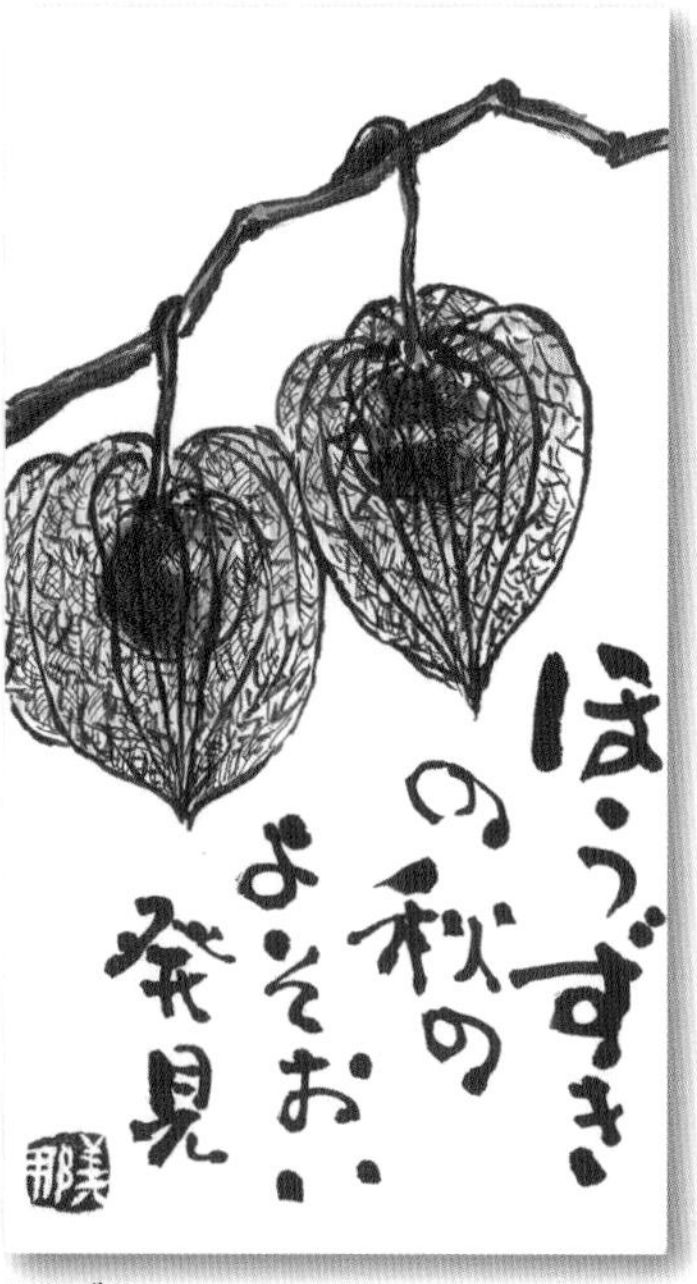
ほうずき
の秋の
よそおい
発見
ほうずき

ひまわり
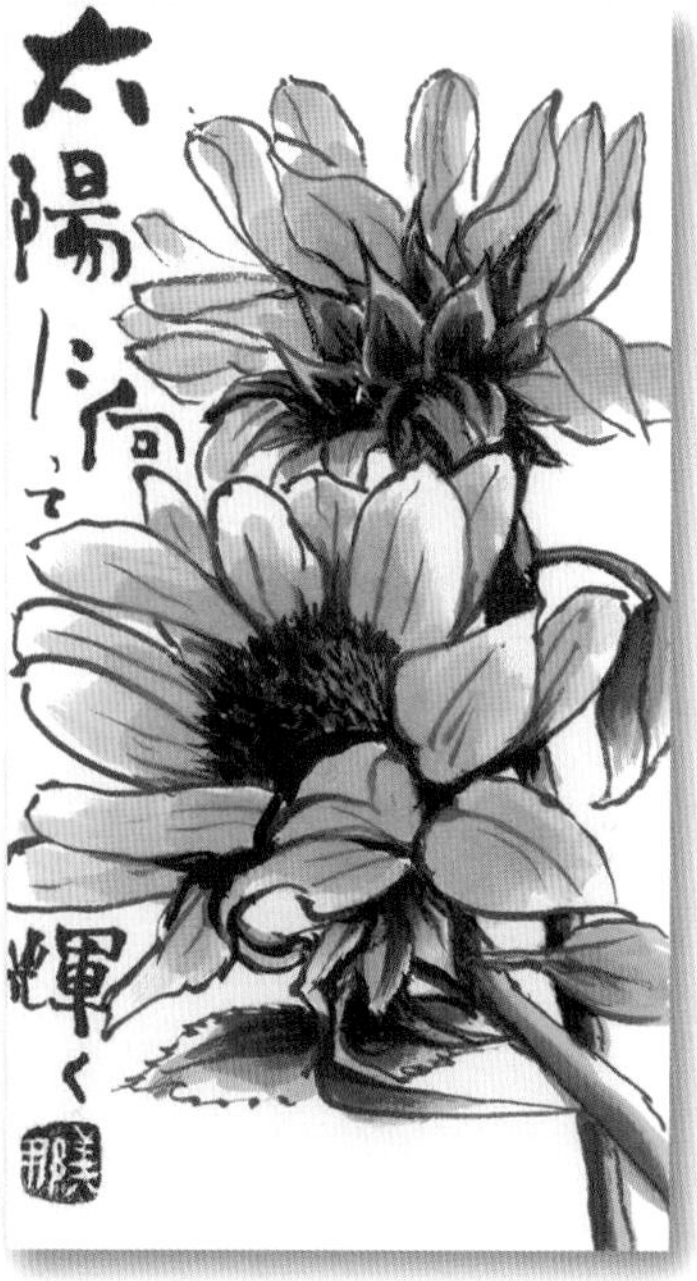
太陽に向って
輝く

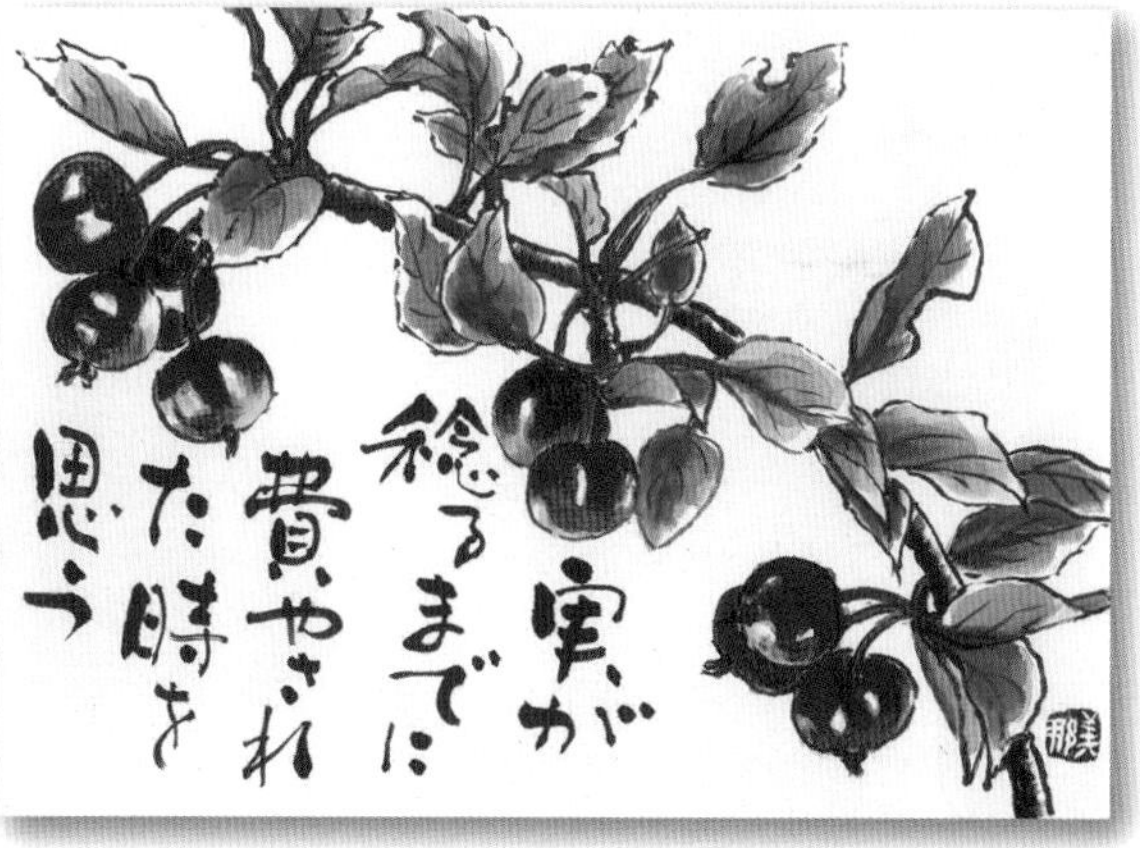
実が
稔るまでに
費やされ
た時を
思う
豆リンゴ

3月10日大空襲から数時間後の東京下町地域。
隅田川をはさんで焼失部が白く、まだ残炎がたなびいている。
中央は爆撃から除外された皇居。

はじめに

私は東京空襲でたびたび罹災《りさい》、無一物となり目黒区より「拓北農兵隊」に一家で応募、一九四五年九月四日に上野を出発して、北海道河西郡川西村中上清川に入植しました。
拓北農兵隊は太平洋戦争中、日本各地の空襲で戦災に遭い、家を失い仕事をなくし、仕方なく疎開と食料増産のためとして、国と北海道が計画募集した「北海道開拓」に応募し、北海道に渡った人たちのことです。

二〇一九年四月、NHK連続テレビ小説「なつぞら」の放映が始まりました。ヒロイン「なっちゃん」が東京空襲で戦災孤児となり、北海道の農家にひき取られ、苦労に負けず夢を追いながら成長していく話でした。

その中に「拓北農兵隊」の事実が出てきて、話題になりました。

また、二〇一九年七月、自身も横浜市から入植した「拓北農兵隊」の一人であり、この事実を大変ご苦労しながら調査し続けてきた石井次雄さんが、ご自身の体験も交えて詳細をまとめた労作『拓北農兵隊』（旬報社）を刊行しました。

このようにドラマと書籍で、ほとんど知られていなかった戦争の犯した「事実」が、世間に知られることとなったのです。

戦争末期から敗戦直後、社会の混乱に巻き込まれたなかで、国からは「戦争に負けたのだから」の一言で、「住宅はある、農地は無償貸与する」などの約束はすべて反故《ほご》にされました。

私たちは、入植者を国から押し付けられた北海道の受入地域の人たちの恩情と、自身の努力で生き抜いたのです。

私の気持ちは、戦災で裸同然となり、家族を失いどん底の生活の中で、国からも冷たく捨てられた私たちが、想像に絶する苦難を重ね、生き抜いた記録を残し、戦争が引き起こす醜悪、二度と戦争などすべきではないことを、次世代の人たちに伝えたいのです。

また、戦災孤児や戦争により身体障がいを受けた人、被爆者、多くの戦災者など、災害、被害を受けながら、今もって何の補償も受けられずにいる人たちがいることを、考えて欲しいのです。

国は国民を利用するだけ、邪魔になれば情け容赦なくあっさり捨てます。この棄民政策をこれまでに何度繰り返してきたでしょう。コロナ禍の今も続いています。

戦争災害を収録している方たちのおひとり、作家の早乙女勝元さんから、拓北農兵隊のことを「戦争の記録」として後世に残すために、「本にすべき」とのお勧めをいただきました。

はじめに

実は七〇年ほど前にも私は、棄民政策の告発と体験を出版したいと考えて、資料収集を始めましたが、東京都にも自治体にも全く資料がなく断念したことがあります。この時の「悔い」から、今回は私の最後の仕事として「拓北農兵隊」の仲間たちの記録をまとめ、世に問うことにしました。友田多喜雄さんをはじめ、仲間たちの掲載快諾を得て生まれる運びとなったのが、この『知られざる拓北農兵隊の記録』です。

ここには国から未だ補償もない戦災者の戦後の苦闘、国の棄民政策の実態、体験から訴える「戦争は絶対すべきではない」との次世代への戒め、世界平和への希求が籠っています。

これらをぜひとも読み取ってくださいますように……。

二〇二〇年一一月

鵜澤　希伊子

知られざる拓北農兵隊の記録【もくじ】

◆——はじめに　1

Ⅰ章　拓北農兵隊とは

『知られざる拓北農兵隊の記録』によせて　早乙女　勝元　10
知られざる拓北農兵隊——横浜大空襲の体験から　石井　次雄　24
■拓北農兵隊（農民団）町村別受入地・戸数　一覧　59

Ⅱ章　ドキュメント・拓北農兵隊

1　白雲を眺めて　田中　草門　66
2　戦後北海道の開拓　友田　多喜雄　107
3　開拓者の娘としての一三年　佐方　三千枝　145
4　拓北農民団となって——「わたくし」のこと　鵜澤　希伊子　162

5 拓北農民団となって——どん底の生活の中で 鵜澤 良江 177

Ⅲ章 北海道各地に入植した人々が語る拓北農兵隊

1 世田ヶ谷部落 山形 徳一 191
2 拓北農兵隊手稲分隊の入植の経過と苦悩 村元 健治 201
3 「一四歳で拓北農兵隊の一員として」曙の地に入植 田中 篤之助 205
4 空襲下の東京から北海道芽室へ 樋詰 つる 207
5 思い出を巡りて 浅野 正千代 212
6 拓北農兵隊として入植二〇年 渡辺 修 221
7 〝こころの郷里〟北海道・秩父別 佐藤 水人里 225
8 上士幌に入植したわが家の場合 石川 裕子 228
9 荒廃する東京を逃れ、作開の開拓へ 佐藤 守弘 238
10 拓北農兵隊として芽室・雄馬別へ入植 秋元 宣壽 243
11 振り返れば 内海 綾子 247

12　開拓の子　林　和子　252
13　明日、北海道入植申込み締切り　松田　キヨ　254
14　私の戦争体験　大阪から網走へ　分部　米子　259
■拓北農兵隊に関係する創作者　紹介　268
◆——あとがき　274

カバー写真撮影：山下展子
絵手紙作品提供：小笠原美那子
装丁：商業デザインセンター・増田絵里

【編集=注】

◆本書は、一九四五年七月以降、「国策」により食糧増産のために戦災者が北海道へ集団帰農した、拓北農兵隊の体験者の記録です。戦後も七五年の年月がすぎ、さらに戦中、戦後の混乱と過酷な入植生活の中での記憶から書かれているため、日時、場所、地名などに不一致の箇所などが見うけられますが、ご本人の記憶と記録を尊重しています。

◆「世田ヶ谷部落」など、随所に「部落」という用語が出てきますが、これは被差別部落を指すものではなく、生活の中で「集落」の意味で使用しているものです。

◆戦後すぐに書かれたものもあり、旧漢字の表記を改めたり、ルビをふる、改行をするなどをした部分があります。

◆用字・用語等で、現在は使用しない（できない）ものも、そのまま表記しているものがあります。

◆市町村名、地名は、執筆後に町村合併などで変更している所もありますが、基本的に執筆時のままにしてあります。

◆人物の年齢、肩書きも基本的に執筆時のままです。

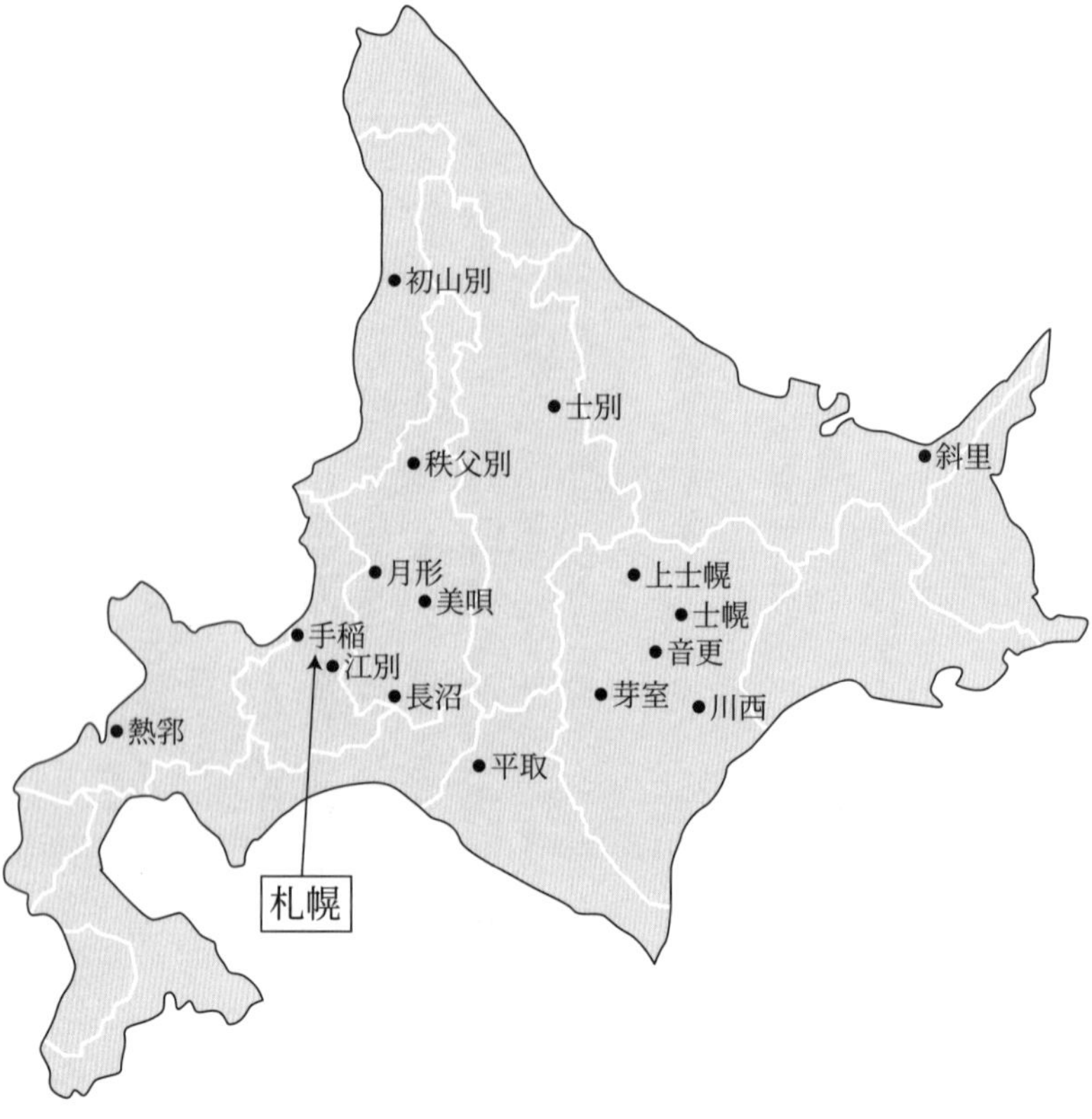

本書掲載の体験者入植地（1945 年当時の地名）

＊熱郛《ねっぷ》村は 1955 年寿都《すっつ》郡樽岸村（一部）、黒松内村と合併し寿都郡三和村となる。

＊川西村は 1957 年大正村とともに帯広市に編入。

Ⅰ章　拓北農兵隊とは

ほおずき

『知られざる拓北農兵隊の記録』によせて

作家　早乙女　勝元

拓北農兵隊とは何か？　と聞かれて、正確に答えられる人は、どのくらいいるのだろう。戦後七五年が経過した現在、満蒙《まんもう》開拓団ならともかく、その実態まで知る人は極めて少数ではないかと思う。かくいう私もその一人だったから、拓は「開拓」で、北は「北海道」かと文字でいくらか判別はつくが、そこから先は歴史の闇に沈んでいる。

しかし、本書の編著者である鵜澤希伊子さんは、その参加者の一人である。

彼女の属している学習サークルには知人がいて、会員でない私もたまには顔を出すので、希伊子さんの過去を、断片的には耳にしていた。

「要するに戦時中に空襲で焼け出された人を対象に、北海道行きを志願させて、食糧増産で、お国のために尽くせってことですよね」

「ええ、そうです。それを北海道庁と東京都が窓口になって斡旋したんです。ところが現地に着いてみたら、水道も電気も農具も何にもなくて、農地とはほど遠いところだったんですよ」

「食糧や暖房は、どうなっていたんですか」

「雪の吹きこむような掘立小屋で、人間並みの生活なんかじゃないのよね」

「そりゃ、ひどい話ですね」

「私は一四歳で、七人家族の長女でした」

「ずいぶん余分なご苦労をされましたね」

「みんな戦争のせいです」

「私は一学年ほど年下になりますが、ひどい目に逢いましたよ。勤労動員です。鉄工場に狩り出され、野外のトロッコ押しでした。霜焼けだらけの手で、ほとんど休みなしで。米軍はそれを知っていて、日本では子どもや女性までが軍需生産についているんだから戦闘員だ。これをたたいて何が悪いかと、無差別爆撃の口実にしたんですよ」


そしてやってきた東京大空襲については、これまでにかなり書いてきたので、ここでは詳しくは反復しないが、思えばよくぞ生き残ったものだと思う。

一九四五（昭和二〇）年三月一〇日、東京の下町地区を目標にした米軍機B29約三〇〇機は、かつてない大規模無差別爆撃だった。正味二時間余の爆撃で、高性能焼夷弾《しょういだん》一七〇〇トンが、木造家屋の密集する下町地区に投下されている。折からの猛突風による（わざわざそういう時を選んだ）

大火災は明け方の八時近くにまで、家も人も町並も、すべてを焼き尽した。

その結果、八万三七九三名の死者と、四万九一八名の負傷者、一〇〇万八〇〇五名の罹災者《りさいしゃ》を出す大惨事となった。

一夜明けたデルタの下町地域は、見るも無残な廃墟となった。目を覆うばかりの死体が、路上を運河を埋めつくし、橋の下にも散乱していた。

死体処理には、主として軍隊、警防団、消防団などが動員されたが、あまりにも多くの犠牲者ではかどらず、人目につかぬ公園などに仮土葬することにした。錦糸公園に一万四〇〇〇体、猿江公園に一万三〇〇〇体、上野公園四九〇〇体など、途方もなく巨大な集団墓地と一変した。

これらの遺体が掘り出され、改葬されて東京都慰霊堂に納められたのは、戦後三年を経てからだが、すべての遺体が掘り出されたわけではない。

私たち一家は隅田川沿岸にまで逃げて、なんとか全員が生き残れたが、私は目をやられてしまって、しばらくは回復しなかった。吹き出ている水道管の水で目を洗い、焼け跡の道を歩いたが、どういう風の吹き回しか、わが家の一角だけが残されていた。すぐに焼けトタンを拾い集めてきて、雨つゆをしのげる応急処置をした。

三月一〇日昼の大本営発表は、新聞やラジオで公表されたが、私がどうしても納得できない一行が、次のようになっている。

「都内各所に火災を生じたるも、宮内省主馬寮は二時三五分、其の他は八時頃までに鎮火せり」

一〇万人にも及ぶ死者と、一〇〇万人をこえる罹災者は「其の他」でしかなく、まだまだいくらでもスペアがあるぞといわんばかりである。わが家がもしも全焼していたなら、私たち一家はどこにも行くところがなく、もしかして鵜澤さんたちのように、北海道の開拓農民になっていたかもしれない。半焼けでもとにかく体を横にする場所が残されたのは、運がよかったというか、ありがたいことだったと思う。

しかし、空襲は三月一〇日で終わったわけではない。

東京の庶民の町を焼土に変えたB29は、その勢いに乗って機首を西に向けて、一二日名古屋、一三、四日大阪、さらに一七日神戸へと牙をむいて襲いかかった。

三月二一日、硫黄島の守備隊が全滅した。同島はB29の出撃拠点のマリアナ基地と日本本土の中間地点にある。東京までの距離はぐんと縮まって、わずか一二〇〇キロだ。B29は各種戦闘機群をしたがえた「戦爆連合」で、日本の諸都市を難なく爆撃することができる。

はたして四月一三日、敵はまたまた大挙してやってきた。一六〇機のB29が東京西部の市街地を襲い、さらに一五日も、二〇〇機からの編隊による連続波状攻撃となった。この両日に及ぶ爆撃で二二万戸からの家屋が焼失、九三万三〇〇〇人もの罹災者を出した。三月一〇日の罹災者とを合計すると、約二〇〇万人近い一般市民がその住居を失ったことになる。住居とともに長く住み慣れた町や地域社会をも失った一般市民は、どこに避難先を見つけたらよいのだろうか。当局や自治体はその対応に困惑したにちがいない。

私どもがまとめた『東京大空襲・戦災誌』（全五巻・東京空襲を記録する会　一九七四年刊）の③は空襲下の都民生活に関する記録集だが、六九〇頁に、いよいよさし迫った「北海道疎開者戦力化実施要綱」五月二一日の次官会議決定の全文が出ている。その方針文は少し長いが、気になる行だけを次に書き出せば、

「北海道ニハ農業ニ於テ尚五十余万町歩ノ未利用地アリ、之ガ積極的ナル活用ヲ図ルハ戦争遂行上真ニ喫緊ノ急務ナリ」

「然ルニ京浜其ノ他ノ大都市ニ於ケル罹災者、疎開者ノ数夥ダシキニ及ブノ実状ニ鑑ミ之ガ戦力化ヲ図ルノ要アリ」

「之等戦災者、疎開者ノ生活ヲ安定セシメ以テ聖戦完遂ニ遺憾ナラシメントスルモノナリ……」

北海道には五〇万町歩の未利用地があって、その積極的活用は急務であるとして、罹災者、疎開者の戦力化（食糧増産など）に当てれば、彼らの生活も安定し、聖戦完遂に役立つといった内容だが、その都市部からの労働力が農業未経験者であることには頰かむりでは都合のよすぎる文章ではないだろうか。しかし、都市部におけるB29の空襲は激化して、昼夜休みなしに不気味なサイレンの唸る日々になりつつあった。

東京は昭和一九年一一月から翌年の八月一五日まで、B29による空襲が、一〇〇回にも及んでいる。

最初のうち、Ｂ29は軍需目標を主にした精密爆撃で、一万メートルもの高高度から、都下武蔵野の中島飛行機工場などへの爆弾投下だったが、気象状況が悪く、思ったような成果を上げられなかった。

ために翌年初頭から無差別爆撃に切り換え、市街地破壊を狙ったのである。三月一〇日の人命被害は空前の量となったが、次は四月なかばの西部方面で、最後は五月二五日から翌日にかけての、焼け残りの東京市街地全域となる。

当時、牛込にあった釣り具屋の鵜澤家は四月、五月と二回の戦災で、文字通りの無一物となった。家族七人の団らんは望むべくもなく、それぞれが知人、縁者宅に転がり込むより仕方なくなった。しかし、どこの家もカスカスの配給制に加えての遅配欠配続きで、決してよい顔はされなかっただろう。次の空襲で家族が離散することも、ないとはいえない。米軍の日本本土上陸作戦も、風のうわさで、耳をかすめるようになっていた。

そんな時、拓北農兵隊による北海道行きが、どこでどのように聞いたものか、父親から告げられるようになったと考えられる。

「当時の記録をぜひ。後に残す必要がありますよ」

と、せがんだのは私だが、送られてきた原稿は未完成だった。

それはそれでよく書けているのだが、どういういきさつで一家の農兵隊参加になったのかが省略されている。手続きをしたのは父親だろうから、家族には「参加する」の結果だけが知らされたのではないか。それに昔の父親はそれほど寛容ではなかった。一般例で書いているのだが。

しかし、希伊子さんには妹さん弟さんもいるのだから、みなで協力しあえば、不足分を補うこともできるのではないのか。

そんなことを電話で申し上げたら、活動家の彼女は、

「これ以上やったら、死んじゃいますよ」

と、悲鳴に近い声だった。

むろん、おトシからいえばその通りかもしれないから、私は引き下がるより仕方なかった。

その私が、「拓北農兵隊」の関連資料を手にしたのは偶然で、堺市で開かれた民間の「平和のための戦争展」会場だった。

B29による空襲で母と弟を亡くした女性との対談の企画で出かけたのである。その女性の体験が人形アニメ「おかあちゃんごめんね」となって上映されるせいか、会場は夏休みの子どもたちで超満員だった。

対談の後はどなたでも発言自由な懇談会となった。「はい」と片手を上げた年配の女性がいた。

「三歳の時に、東京で大空襲を体験しました。父が亡くなり、母、姉、兄、私の四人で暮らしていました。空襲の時、近所のお年寄りに連れられて逃げました。遠くで聞こえた母の声が今でも耳

に残っています。母に会えなかったら戦争孤児になっていました。あの戦争は理不尽だったといっていた母から受け継いだ罹災証明書を遺品として、寄贈させてください。早乙女さんが館長をされていた東京大空襲・戦災資料センターに、お届けいただきたいです」

そうして手渡された資料は透明なファイル入りで、よく見えた。

「あ、これが……」

と私は思わず声を上げた。

「農兵隊参加の証明書です。罹災関係と一緒になっていますけれど……」

私は一礼して、資料を受け取り、すぐに住所とお名前をメモした。

そのファイルを開けたのは、帰途の新幹線の車中だったが、長期の旅路を経てきた公文書はひどい痛み具合で、列車の揺れにも気を使う必要があった。

罹災證明書

罹災証明書と一緒になっている拓北農兵隊参加証明書

かなりの大きさで、上段左側に東京都のマークと赤字で「罹災証明書」と印刷され、すぐ横に一家の罹災者名と住所とが書きこまれている。代表は山内ハマさんという方で、淀橋区（現新宿区）下落合一丁目四四五番地で焼け出され、家族は四人だ。

この種の書類は何枚かセンターにも提供ずみで、おおよその見当がつくが、山内家は四月一四日の空襲で焼け出され、避難先は北海道雨龍郡雨龍村とある。拓北農兵隊とは出ていないものの、やはりこれは貴重な第一次資料というべきだろう。家財給与が金五百円で、北海道庁の朱印があるのが、一般の罹災証明書と異なるところだろう。

焼け出されたあとの手続きは、一家を代表する保護者が説明を受け納得して、印を押したものに違いない。

これで鵜澤家が農兵隊行きを決断するに至った経過の一端がわかる。同時に彼女の知りたがっていた空白の一部が埋められた気がしたが、わが家の書庫には、手続きの際に志願者が見ただろう古い資料があるのに気付いた。

それは帰農者募集のために、当局が新聞などで広く呼びかけたはずの宣伝文である。

戦後にまで保存したのは、やはり淀橋区で焼け出された友田多喜雄氏で、当時一四歳。旧制の中学生である。

「戦災者よ、特攻隊に続け」

「新緑の開墾地は招く」

などのメッセージに気をよくしてか、母と姉と三人で七月一三日に上野発の特別列車で出発したとある。「北海道集団帰農者募集」の内容の紹介が入った短文のエッセーで読みごたえのある内容になっている（友田多喜雄「戦後開拓の中から」『崩壊と新生』〔戦後の青春6　たいまつ新書　一九七八年〕）。

北海道に集団疎開し食糧増産に挺身せんとする者を急募す

1　応募資格

真摯なる熱意を有し農耕に耐え得る十五才以上六十才未満の男子一人以上を含む家族及単身男子

2　特典

（イ）移住地までの鉄道乗車賃及家族の輸送は無賃　（ロ）住宅の用意あり　（ハ）一戸当り不取敢《とりあえず》一町歩の農地を無償貸与し将来は十町歩（水田適地は五町歩）乃至十五町歩の土地を無償貸与又は付与す　（ニ）農具及種子を無償給与す　（ホ）移住後の主食品の配給を確保す　（ヘ）生活困難なる者に対しては一人に付月三十円以内を六カ月補助す

3　申込場所

居住地の区役所　地方事務所　警察署　国民勤労動員署

4　詳細なる相談案内は左記に於て之を為す

戦災者北海道開拓協会（丸ビル二階二六二区）　戦災者移動相談所　北海道庁東京事務所（内務省内三階）　東京都　警視庁　北海道庁　戦災者北海道開拓協会

友田氏による前掲書によれば、全国から敗戦直後までに北海道へ入植した者は一八〇二戸の八九二六人と出ているが、この数字には諸説があり、多い数字で三四六七戸の一万七三〇五人。かなりの差があるが、現地までたどりついたものの宣伝文とはあまりに異なるリアルな現実に驚き、失望して数日もしないうちに脱落した者も相当数いたはずで、入植した時点とその後では、かなりの違いがあるものと思われる。

彼らが与えられた耕作地は、そのほとんどが都会で考えられるような用地ではなかったらしく、友田氏は書いている。

「そこは一面の丈高い草と灌木の土地だった。禿げ地もあって、そこからは煙が立ちのぼっていた。凶作ぶくみの夏、既存農の人々が、昭和初年に仲間が捨てて夜逃げしていた荒地に、火入れをしてソバを播き、その火が泥炭土に燃えついて雪降るまで火は消えないというのである。この町の最劣等地だと既存農家の長老はいい、やめなさいと忠告してくれた。掘建ての開拓着手小屋を建てて移っていったのは十一月の初め。翌朝、目を覚ますと泥壁をすかして雪景色がみえ、布団にも雪が積もっていた……」

これでは、たまったものではない。元もと農作業の心得のない人たちにとっては忍耐力の限界をこえていたと思われる。鵜澤さん一家も例外ではなかった。

希伊子さんは自著『原野の子らと』（福村書店　一九六四年）に書いている。

「その日から百姓経験のない父母が、見習いがてら食糧確保のため、農家に手伝いに出る留守を守って、一歳五カ月の弟を背負い、炊事、掃除、三〇〇メートル離れた隣家からの水汲み、近くの林へ行っての薪集めと、全く未経験な、私の意に反する雑事ばかりの毎日が始まると、『東京へ返してくれ』と、気狂いのように頼み続ける私の抵抗が始まった。」

結局、希伊子さんは避地である原野の小学校教員となって、「思ってもみなかった道を辿る」ことになるのだが、その直接の岐路となったのは、母親の病死ではなかったか。母親はランプ生活にもらい水の七人家族の生活に疲れ果てていたのだろうと思う。体調を崩しても、本格的な治療など望むべくもない。そして、長女の希伊子さんは母親亡きあとの生活の重圧から、逃れるすべはなかったのだ。

先に私は、彼女の北海道での体験は「余分なご苦労」と口にしたが、振りかえってみて、すべてが余分な苦労ばかりだとは思わない。本人の自覚はなくても、人を思いやる人間的想像力など身につくものが少なからずあったに違いない。体で得ると書けば「体得」だが、知得と体得との絶妙なバランスの上に人格が成り立つのではないのか。

拓北農兵隊については、調べれば調べるほど呆れるばかりの無責任な人権無視の計画であった。片道だけの交通手段だったことからふと、戦時の特攻隊を想起した。まさに「棄民政策」としかいいようがない。

戦時の大本営発表による「其の他」思想（一二頁参照）は、決して過去の話ではない。たとえば、軍人・軍属には一定の条件付きで、これまでに恩給費などに六〇兆円もの国家予算が投入されているのに、一般市民の空襲被害者にはなんの救済措置もない。

この国は表向きは民主主義のはずだが、「民」はどこかに置き去りにされたままではないのか。これは明白な差別で、私どもは、戦争を始めた国の謝罪と補償を求めて、東京大空襲訴訟に踏みきったが、七年もたたかって、二〇一三年に最高裁で「棄却」とされた。

判決で残されたのは、東京地裁の「立法において解決すべき」の一行だった。やむを得ずに「全国空襲被害者連絡協議会」（全国空襲連）を立ち上げて、国会への働きかけを続けてはいるが、国はもしかして「さっさと死んでくれ」とでも言いたいのかもしれない。

そうはさせない。

元拓北農兵隊の皆さんは、私たちと同じ空襲による焼け出され組だから、私どもの考えとどこかで通じるはずで、希伊子さんが記録を残そうと決意されたのを、大いに歓迎したい。本書の刊行によって、戦争の多面的な現実が明らかになり、多くの人たちの知るところとなることを期待したい。

【二〇二〇年九月　記】

〔さおとめ・かつもと＝一九三二年三月、東京に生まれる。一二歳で東京空襲を経験。働きながら文学を志し、一八歳の自分史『下町の故郷』が直木賞候補となる。『ハモニカ工場』発表後は作家活動に専念。ルポルタージュ『東京大空襲』が話題になる。一九七〇年「東京空襲を記録する会」を結成し、『東京大空襲・戦災誌』が菊池寛賞を受賞。二〇〇二年、東京都江東区北砂に「東京大空襲・戦災資料センター」（電話〇三―五八五七―五六三一）をオープン、館長に就任し現在は名誉館長。庶民の生活と愛を書き続ける下町の作家として、また東京空襲の語り部として、未来を担う世代に平和を訴え続けている。」

【鵜澤希伊子　付記】

早乙女勝元氏より原稿をいただいた後に、一七頁で紹介している罹災証明書宛名の「山内ハマさん」の末娘・得世さん（当時三歳）から、体験記と罹災証明書が送られてきた。空襲の恐怖は三歳児にも鮮明な記憶を残している。得世さん一家は罹災後、亡父の実家である北海道雨龍郡雨龍村に渡道、悲惨な二年間を過ごして愛媛県に移住している。

得世さんは体験記を、「母の思いを受け継ぎ再び戦争する国にしてはいけない。平和な日本を子どもたちに引き渡す活動を続けたい」と結んでいる。

知られざる拓北農兵隊――横浜大空襲の体験から

石井　次雄

1　その名も拓北農兵隊

❋戦災の仇を食糧増産で

日本が無条件降伏する一月前の一九四五年七月七日、朝日新聞は〝一切の感傷抛《なげう》つて　北の沃野に再起――拓北農兵隊　第一陣の首途〟のタイトルで、次のように報じた。

「憎い敵機に焼かれた恨み胸に刻んでいで立つ門出――力強い歌聲にも車窓の顔にも別離の感傷はない、帝都集團帰農の第一陣百九十七世帯九百三十二名はその名も「拓北農兵隊」と命名され、全員元気一杯、北海道の沃野に新生活の基盤を求めて六日午後四時二十五分上野発で先発した」。

一方、同日の北海道新聞は〝拓北農兵隊へ温い戰友愛〟のタイトルで、次のように報じた。
「灰燼《かいじん》のなかから仇討増産の意気も高らかに本道に開拓の沃野を求めて来道する拓北農兵隊第一陣二百四十五戸千百四十三名は六日帝都を出発、九日早暁それぞれ空知、石狩の両支廳に勇躍入地するが道廳では住宅を建設し當初に貸与すべき一町歩および将来成功の暁には無償で交付する五町歩から十五町歩の耕作地をそれぞれ選定、また主食糧の配給や當面の生活費として一人當り月額三十円を六箇月にわたつて補助するなど農業會、関係方面協力のもと温かい戰友愛こもる受入體制を布きまた受入町村でも定めし寝具、食器もないことだろうと思ひやつて供出するなど萬端の用意をとゝのへて待ちもうけてゐる」。

この戦時統制下の記事は、東京や横浜などでアメリカ軍の大空襲によって焼け出された戦災者を、〝来れ、沃土《よくど》北海道へ――戦災を転じて産業再編成〟のスローガンのもと、集団帰農させた国策に呼応したものであった。〝江戸の仇を北海道で〟と戦災者を駆り立て、温かい戦友愛こもる受入態勢が万端整っていると、着の身着のままの戦災者に手を差し伸べているかのようだ。

しかし、北海道へ五万戸・二〇万人を集団帰農させるという計画の下、拓北農兵隊は敗戦一カ月前の真夏の津軽海峡を渡って行ったが、待ち受けていた現実は程遠いものであった。

地の涯に倖せありと来しが雪

拓北農兵隊第二次として十勝支庁の豊頃村に入植した詩人の細谷源二の詠んだ句であるが、入植者たちを待ち受けていたのは、〝沃土〟どころか大部分は〝泥炭地《でいたんち》〟などの未開拓の地であった。これは農業経験もない人たちには、あまりにも過酷な現実であった。

アジア・太平洋戦争の最中、〝王道楽土〟の建設を旗印にした「満蒙開拓団」についてはよく知られているが、この「拓北農兵隊」についてはあまり知られていない。

まず、「拓北農兵隊」とはどういうものであり、誰によって、どのように計画・実施されていったのか。そして、のちに無責任きわまる開拓計画であり、〝棄民〟政策とも評されたその実態を、当事者の語るところに従い検討していこう。

❋いかにして拓北農兵隊は創設されたか

一九四四年一一月から苛烈になったアメリカ軍による東京への空襲は、翌四五年一月にはその規模もますます拡大し、被害も広範囲にわたった。このため政府は、一月一二日の閣議で従来の防空対策を強化するとともに、戦災者の地方への疎開計画を推し進めた。

しかし、三月一〇日の東京大空襲では、一夜にして一〇万人以上が死亡し、戦災者（罹災者）は一〇〇万人を超えた。そこで一五日には「大都市ニ於ケル疎開強化要綱」を閣議決定し、これまで進めてきた防空対策としての疎開だけでなく、食糧対策の見地から疎開の強化が図られた。すなわち、都市戦災者を地方農村に帰農させることによって、食糧増産によって戦力強化を図ろうとするものであった。

だが、この食糧増産のための集団帰農計画も行政レベルでは遅々として進まず、遂に民間側からの要請を受けたかたちで五月三一日「北海道疎開者戦力化実施要綱」が、政府次官会議で決定された。以下、この間の経緯を、拓北農兵隊産みの親である黒澤酉蔵《とりぞう》（のちの雪印乳業の創業者）の著書（『北海道開発回顧録』）などを通して詳しくみていこう。

一九四二年に翼賛選挙において翼賛会推薦で衆議院議員となった黒澤酉蔵は、議員活動を続ける中、一九四五年四月に〝とにかく戦争である以上、百折千挫を凌いでも勝たねばならぬ〟という心構えで「救国建白書」を作成し、発足したばかりの鈴木貫太郎内閣に提出した。

戦局ノ現段階ニ鑑ミ絶対不敗ノ戦力増強ハ結局、食糧、航空機ノ飛躍的大増産ヲ敢行シ、国内自給自戦ノ確立ニ在ルハ言ヲマタザルトコロニ御座候。而シテ食糧ハ勿論航空燃料サエ農産物ニマタザルベカラザル今日、農業施策ノ成否ガ戦局最後ノ勝敗ヲ決スル鍵ト被存候

つまり、戦争に勝つ、勝ちたいという気持ちは国民等しく抱いていた願望ではあるが、政府の考え方、やり方では気持ちはあっても力にはなりきらぬとの思いから、拓北農兵隊創設の構想を提出したのであった。

小磯内閣から代わったばかりの鈴木貫太郎総理をはじめ関係閣僚は、是が非でもやって欲しいとのことであったが、事務当局は依然として積極的に取り組まなかった。業を煮やした黒澤酉蔵はそ

れでは民間の力でやろうと決意し、帝都の治安に当たる警視総監の町村金五の意見も聞き、具体的な計画を練り上げ、五月一日付で北海道選出の国会議員二〇名連盟で「戦災者戦力化に関する意見書」を政府に提出した。

他方、受け入れ側である北海道の農業界を代表して北海道農業会農政委員会が「北海道緊急食糧増産対策の要望書」を熊谷憲一北海道庁長官に提出したが、道内も深刻な労力資材不足で入植者の受け入れは、土地の選定だけでも大変な仕事で、お役人や役場もやりたがらないわけだから民間側はもっとやりたがらない、というのが本音であった。

このようにうまく行かないため五月末に全道の市町村農業会長会議を開いて、「農村疎開者受入応急措置要綱」を討議、決定してもらい、民間側の態勢を整えて役所を督励した。

こうして民間側からの要請を受けたかたちで、「北海道疎開者戦力化実施要綱」が決定され、その方針は以下の通りである。

決戦下食糧増産ノ要アルハ言ヲ俟タザル處大陸トノ交通隔絶シタル場合ヲ考慮スルトキ北海道ニ於ケル食糧生産ニ俟ツ所大ナルモノアリ、北海道ニハ農業ニ於テ尚五十餘萬町歩ノ未利用地アリ、之ガ積極的ナル活用ヲ圖ルハ戦争遂行上眞ニ喫緊ノ急務ナリト謂フベシ、然ルニ京濱其ノ他ノ大都市ニ於ケル戦災者、疎開者ノ數夥ダシキニ及ブノ實情ニ鑑ミ之ガ戦力化ヲ圖ルノ要アリ、之等ノ勞力ヲ北海道ノ食糧生産ニ挺身セシメンカ戦力ノ増強期シテ俟ツベキモノアリ且ハ之等戦災者、疎開者ノ生活ヲ安定セシメ以テ聖戦完遂ニ遺憾ナカラシメントスルモノナリ

仍テ昭和二十年五月三十日閣議決定都市疎開者ノ就農ニ関スル緊急措置要綱ノ一環トシ本要綱ヲ決定實施スルモノトス

北海道へ五万戸・二〇万人を送り出すという計画が決定されたが、やはり、戦災者の救済ではなく、民政の安定と「聖戦完遂」のための食糧増産が緊急の課題であり、農業労働力（北海道新聞では「食糧増産戦士」と表現）として戦災者を活用するというものであった。

また、黒澤酉蔵の脳裏には、日本はまさに国難の名に価する重大局面にあり、本土決戦という声も出ていた頃なので、万一の場合にはこうした「農兵軍」の組織で国土防衛に立ち向かうことも可能ではないかという気持ちもあったと、回顧録でのべている（二九〇頁）。

＊戦災者北海道開拓協会を設立し実施

この集団帰農を実施するために民間の協力団体「戦災者北海道開拓協会」を設立し、委員長に全国農業会会長の千石興太郎、副委員長に藤山俊一郎、理事長に黒澤酉蔵が就任し、移住者の取り締まり、宣伝、あっせん、誘導、輸送のいっさいを戦災者北海道開拓協会が行うことを政府と取り決めた。

なお、戦災者北海道開拓協会の設立に当たっては、その費用はいずれ政府の寄付金が出る予定なので、北海道興農公社、北海道農業会から一〇万円ずつの寄付金と、戦災援護会の寄付五〇万円、計七〇万円でまかなった(『回顧録』二九七頁)。

この点、毎日新聞社の『私たちの証言　北海道終戦史』では、設立に当たってはメンバーに徳川義親などを入れ、基金として三井報恩から一〇〇万円を出させたとある(二四二頁)。

この戦災者北海道開拓協会は、募集から送出までの一切の事業を行うため、東京へ専従三一人、兼任三三人の計六五人を北海道興農公社や北海道農業会から出向させた。こうして北海道農業会の書記をしていた詩人の更科《さらしな》源蔵や作家の吉田十四雄らが派遣されてきた。また、名古屋、大阪、仙台に支部、青森に世話所を置き、約一〇〇カ所に相談所を置いて募集が開始された。

第一回の募集は六月一〇日から七月三〇日で、募集要項の内容については本書掲載の手記にも出ている。ここでは、全国に配布された北海道庁・戦災者北海道開拓協会連名の「集団帰農者の栞《しおり》」を紹介しよう。

「来れ、沃土北海道へ
戦災を転じて産業再編成
敵の爆撃は愈々頻繁且つ猛烈であるが飽迄も米英を撃砕打倒しなければならぬ、此の聖戦は今こそ戦災、疎開の国民諸氏に新しい生活を再建し戦力増強に直結する職域について一人の漏れもなく戦ひ抜く事を要求してゐる。

戦の長期化と共に益々食糧の増産が重要になつて来た事は今更申す迄もない事であつて今回

集団歸農者の栞　北海道　戰災者北海道開拓協會

來れ、沃土北海道へ

戰災を轉じて産業再編成

働き手は多いほど結構

土地、農具は無償で給與

一ケ年位は隊組織で訓練

府縣よりも凌ぎ易い冬

暖い所から順次入植

遅くも七月までに移住

全國各地に相談所急設

政府が全国に向つて示した北海道集団帰農の計画は北海の大地に残された沃土を戦災、疎開の人達の手によつて開発し食糧と戦争資源を生産してもらふ為の新しい戦力増強運動であり戦災を転じて産業再編成の好機たらしめようとする計画である。

此の事業に参加せんとする諸君がこれから北海の地に展開すべき拓殖農業は勿論決して容易な業ではなく時局下の資材難を克服し汗と勤労と忍耐を打込んで万難を排して進まなければならないものであるが然しそれだけ又新天地を創設する歓びと重要使命を達成する意義は誠に大きなものがあるのである。

諸君の手によつて生産される農産物は国民を養ひ神兵を支へて戦力の基盤となるばかりでなく飛行機の翼となり機体となり特攻機の貴重な燃料となつて戦の真直中へ突入するのである。

灰燼の中から起ち上つて新しい戦列へ参加する強固な決意と凡ゆる困難を克服して北海道開発の先駆

をなした屯田農兵のそれに比すべき不屈の覚悟をのぞんで止まない次第である」（旧漢字を新漢字に直したためルビも省略した）。

なお、ここで「戦災、疎開の人達」というのは、戦災者は空襲で罹災した人たちであり、疎開者とは帝都防衛のため強制疎開による立退者のことである。募集対象として、この他に離島引揚者が入る。

以上の呼びかけ文とともに、〝土地、農具は無償で給与〟との見出しで、応募者に対する特典として一〇項目が書かれている。

①移住地までの汽車賃、家財輸送は無料である。誘導、案内は戦災者北海道開拓協会、北海道庁、町村でいっさい行う。

②到着地の宿舎は取りあえず、拓殖実習場、学校、寺院其の他適当な建物に集団又は分宿することになる。道庁が簡易住宅を建設するから、出来次第これに居住する。

③差し当たりは一戸当たりおおむね一町歩程度の既墾不作地又は未墾地を無償で貸与して、各自の食糧を作付けしてもらう。

④鍬、鎌等の農具は無償で給与する。

⑤種子も無償で与える。

⑥主食糧は配給する。

⑦移住後は安心して農業にはげんでもらうため、六カ月間は一人に付き月三〇円程度の生活費を補助する。
⑧開墾費、牛馬購入費等に就いても相当の助成がある。
⑨戦災者については別に恩賜財団戦災援護会からも出来るだけ援助する。
⑩北海道農業のやり方を覚えた後（大体一カ年程度かかる見込み）引き続いて腰を入れて農業をやる希望者に対しては国有未開地については土地の状況に応じて一戸経営上適当な面積（畑適地は一〇町歩乃至一五町歩程度、水田ならば五町歩程度）の土地を貸与し、開墾が成功したら無償で与える。また、民有地については右に準じて適当な措置を講ずる。

さらに、募集条件とともに、〝府縣よりも凌ぎ易い冬〟として、以下のように北海道を紹介している。

①面積人口
　北海道の面積は五千七百五十五万里で、台湾に四国、九州を加え、更に新潟県を合わせた広さがあり、人口は比較的少く、農耕に適する土地が沢山残されている。

②気候
　北海道の冬は相当に寒いが、決して都府県の人達が想像して居る様な酷しいものでなく、却って、薪、木炭、石炭等が豊富で、屋内では府県の冬に比べてしのぎ易い位である。夏は最高が華氏八〇余度程度で、朝夕は一段と涼気が漲り、昼間の暑さをぬぐひ去ってそう快極

まりない。

③教育衛生

北海道には帝国大学をはじめ、各種専門学校一四校、農学校八校のほか男女中等学校八〇余校有り、町村には国民学校、青年学校がある。農村は地域が広い為、通学距離の遠い所もあるが子女の教育には概ね支障がない。

医療機関としては都市には大学附属病院を始め、公私設の総合病院が完備しており、新開の農村には国費で拓殖医、産婆が置いてある。

④農業

近時北海道農法は満州を始め各地に導入せられているが、北海道では開道以来各国の農法の神髄を取り入れて、北海道の気候風土に適した有畜機械化農法を完成して居るのであって、畜力の利用によって各種の近代式農機具を使用して、農作業を営み、乳牛を飼育し、強力な収入を確保し、家畜によって、肥料問題を解決している。北海道のおもな農畜産物としては、米、大麦、裸麦、小麦、燕麦、黍、ソバ、豆、馬鈴しょ、甜菜、アマ、玉蜀黍等の他果樹ではリンゴ、ブドウ、桜桃等があり、乳牛、馬、バター、カゼイン、鶏卵、羊毛、兎皮等の豊かな生産がある。

この他、「栞」には募集資格、就農予定地、就農方法、帰農者の心得なども記載されている。家を失った戦災者が、ラジオもなく新聞も読めない状況下で、唯一の情報として手にしたこの

「栞」を見て、農業経験はなくとも大いに希望を抱いたことであろう。

黒澤酉蔵も『回顧録』で、「北海道の紹介から戦災者受け入のことまで実に要領良く書いてあり、これは北海道を日本の人に認識させるうえで非常に大きな効果を発揮したビラ」であった、とのべている（二九七頁）。

＊〝開拓戦士〟に仕立て上げる

さっそく募集が新聞広告や電柱などに貼られた。六月一六日付けの『朝日新聞』は、〝北海道開拓志願、すでに三〇〇〇名突破〟と報じられた。

「戦災者の気魄を戦力化するため、戦災疎開者の北海道帰農計画が決定し、戦災者北海道開拓協会が誕生してから三日、丸ビル内同協会事務所、内務省北海道庁出張所および東京都民生局内に設けられた相談所には、早くも相談者が殺到、一四日現在でその数は三〇〇〇名を突破した。

相談には、黒澤同協会理事長を陣頭に協会員多数が当たっているが、相談者の多数は生活難というよりは新しい自覚による真摯な態度の者が目立ち、相当の知識階級をはじめ、戦災企業家などの顔ぶれもみられ、中には規定の年齢を越えた老人で入隊を懇願する者もある。なお一五日午後一時、町村警視総監は丸ビル内相談所を視察、相談者を激励した」

こうして始まった募集や送出について朝日新聞で調べてみると、八月一五日の敗戦までに、次のような記事が掲載されている。見出しだけでも、この事業のねらいや当時の様子を伺うことができる。

六月一九日　〝起上る「戦災屯田兵」―捨てよ都会生活の垢　集団帰農にこの覚悟〟

六月二三日　〝司政官も、お嬢さんも―第一陣一一〇〇名、来る六日出発〟

六月二八日　〝農村を批判するな　根気よく土の文化を汲出せ―加藤完治氏から帰農者へ贈る言葉〟

七月五日　〝その名も「拓北農兵隊」あす堂々の壮途に〟

「焦土から屯田兵として立ち上る北海道集団帰農者の第一陣一四〇〇余名、二四〇〇余世帯はいよいよ六日一六時三〇分上野駅発列車で出発するが、これにさきだち同日昼過ぎから下谷区桜丘国民学校で壮行式を挙行、西尾都長官から『拓北農兵隊』と命名される、なお第二陣一三〇〇名は一〇日、第三陣一四〇〇名は一三日それぞれ同時刻に上野駅から出発の予定」

七月七日　〝一切の感傷抛つて北の沃野に再起―拓北農兵隊第一陣の首途〟（写真入り）

七月九日　〝向う一年はお手伝い―拓北農兵隊、北海道へ第一歩〟

七月一六日　〝拓北農兵隊へ全村人の歓迎〟

「わざわざ函館まで出迎えた村長や村の駅に馬車をもつて歓迎した村人の熱情には帰農者も感激している、直ぐ学校や神社で受入式を行った……宿舎は予め村人が協力して新築したり、あるいは学校や牧場の厩舎を空けて用意しておいたので心配はなかった、軍は非常に協力して北海道農法に必要な農具や手鍬、鎌等も準備してくれ……皆この待遇に予想以上と非常に感謝しており元気一杯だ」

七月一八日　〝荒地拓く北の精兵—悪田は稔り豚群も肥える〟（写真入り）
七月二〇日　〝空襲に驚かぬが—大農法には茫然：北海道帰農の東京隊〟（写真入り）
七月二八日　〝希望に燃えて馬車は行く—拓北農兵隊〟（写真入り）
八月七日　〝帰農一箇月の拓北農兵隊—掌のたこも頼もし：まづ泥炭地に稔る蕎麥〟（写真入り）
八月八日　〝拓北農兵隊壮行式〟

「拓北農兵隊の入植は第一回以来約四〇〇〇名に上り早くも食糧増産に敢闘しているが、第五次一九〇九名は七日二時半から下谷桜ヶ丘国民学校で壮行式を挙行、飯野紀元氏（青山学院助教授）を隊長に四時半上野駅で北海道へ向った。なお同農兵隊は第九次まで集団的に送られるが、その後は個別的に入植することになっている」

八月一四日　〝拓北農兵隊、新しい土に息吹く〟（写真入り）

「大いなる歴史の関頭に起って、たとえそれが如何に忍苦の途であろうとも、民族の力によって生き抜かんとする意欲……如何なる苦労にもくじけず断乎、祖国と共にゆく希望の光が輝いている」

（引用の新聞記事は現代かなづかいに直した）

〝北海道へゆけば、蒔き付けのできるようになった開拓地がもらえる、住宅も建っている、道路もっている、食べることに心配はない、必要な資金は貸してくれる。〟戦災によって焼け出され、縁故疎開もなく、なお続く空襲の恐怖と飢えにおののきながら、東京や大阪、神奈川などでバラック生活を余儀なくされていた人びとは、募集からわずか一カ月余りで北海道へと旅立った。

五月二九日の横浜大空襲により焼け出された私たち一家も、敗戦間際にこの「拓北農兵隊」として空知支庁の長沼村へ入植した。果たして、どのような経緯を辿って長沼村へ辿り着いたのだろうか。この拓北農兵隊という名の戦災集団疎開者が、北海道へ入植するまでの経緯もあまり知られていないので、私の体験を通してのべよう。

2　戦火のなかの苦難の入植

❋横浜大空襲によって焼け出される

一九四五年五月二九日の横浜大空襲は、うす曇りの午前中であった。マリアナ基地を飛び立ったB29爆撃機五一七機と硫黄島を基地とするP51戦闘機一〇一機が富士山上空で集結し、大編隊を組んで約五五〇〇メートルの高度をとって横浜市に侵入してきた。東神奈川駅、平沼橋、横浜市役所、日枝神社、大鳥国民学校の五カ所を小型油脂焼夷弾や膠化《こうか》ガソリン焼夷弾を主体に集中して投下した。この無差別焼夷弾爆撃と機銃掃射によって、死者三六五〇人、負傷者一万一九八人、行方不明三〇九人、被災戸数七万五〇一七戸、被災者三一万一一一八人にのぼった。

当日、中学生だった姉や兄は勤労動員に行っており、次女は埼玉にある母の実家に学童疎開していた。母と私、それに三月に生まれたばかりの弟の三人は、自宅から一キロほど離れた堀之内の防空壕へ避難した。なお、父は警防団として動員されていた。

毎日、日課のようになっていた防空壕への避難は、夜が多かった。だが、この日は午前九時前から空襲警報が鳴り、通い慣れた堀之内の防空壕へ早々と避難したが、すでに満員であった。その後、入口付近で街の様子を見ていた何人かが焼夷弾に当たって死んだ（機銃掃射で死んだという人もいた）。

これまで経験したこともないものすごい爆音と異様な臭いに、生きた心地がしなかった。やっと一時間半にわたる空襲も止んで防空壕を出ると、堀之内から睦町、東蒔田一帯が焼け野原となり、わが家も全焼して跡形もなかった。この日、横浜市の大半が焼失した。

物の無い時代に、五歳の誕生日に買ってもらった下駄を一度も履かずに家に残してきたため焼けてしまったのが、子どもながらに大事な物を失った悔しさが、いつまでも心に残った。焼夷弾によって焼けたブリキの臭いや、家からほど近い睦町公園にたくさんの真っ黒に焼け焦げた死体が埋められるのを見た思い出が、その後も長く記憶に残った。

母（四〇歳）、中学生の長女（一五歳）と長男（一四歳）、学童疎開から戻ってきた小学生の次女（九歳）、私（五歳）、生後三カ月の弟の一家六人は、二カ月後に「拓北農兵隊」として見知らぬ北海道へ渡るまで、梅雨時の肌寒いなか、この焼けあとで不自由なバラック生活をつづけた。

なお、父はこの大空襲の直後、四〇代半ばで赤紙が来て徴用されていった。

※入植が決まるまで

このような焼け跡の生活では新聞もラジオもなく、母はどのようにして北海道への集団帰農の募集を知り、乳のみ児をかかえて相談所へと通い、応募したのであろうか。入植が決まるまでを、文献により辿ってみよう。

当初、拓北農兵隊神奈川隊（あるいは横浜隊）に関する文献は皆無に等しかった。唯一の手がかりである『横浜市総合年表』によると、六月一九日「横浜市北海道開拓集団帰農者相談所を開設」とあり、七月三〇日「二九八世帯一五七九人のうち一八七世帯九七九人が出発」とあった。まずは、これを手がかりに、「朝日新聞神奈川版」や「読売報知新聞」など神奈川隊に関する記事を拾ってみた。

六月二二日の「朝日」には、〝集団帰農相談所横浜に店開き〟とあり、三〇世帯を一帯として編成し、これに隊長を選任して七月五日までに東京組と合流して第一陣として送り出すことになっているとある。翌二三日の「読売」に〝七月中に六〇〇戸出発〟として、第一次に引き続き第二次から第四次までの入植先と世帯数が具体的に示された。

すなわち、①第一次空知・石狩二四八世帯、②第二次十勝管内（豊頃五〇、川西四〇、大正三〇、芽室四〇、大樹四〇、計二〇〇世帯）、③第三次上川（比布二五、美深三〇、風連三〇、名寄三五、多寄

二〇、士別三〇、他計二〇〇世帯）、④第四次空知（月形二〇、長沼四〇、幌向三〇、北村三〇、多度志三〇、美唄五〇、計二〇〇世帯）の三支庁管内十数町村へ六〇〇戸が出発する運びとなった。

七月八日の「朝日」では、さらに詳細が判明した。「本県の戦災者北海道帰農第一陣は横浜市の一八四世帯を筆頭に川崎七八世帯、横須賀二世帯合計二六四世帯一三七六人で一五日出発する。第二陣は一陣の送出をまって来月上旬までに出発する予定」とある。そして、第一陣の入植地は、横浜第一隊・空知郡北村、第二隊・同幌内村、第三隊・夕張郡長沼村、第四隊・樺戸郡月形村、第五隊・空知郡江別乙村、第六隊・樺戸郡新十津川村と六隊に編成された。

そして、ついに〝拓北農兵団　一五日壮行式〟という記事が一四日の「朝日」に載った。「県下の北海道集団帰農第一陣二七三世帯一三七六名はいよいよ準備成り一五日横浜駅発で出発するが、県では同日午前一一時から駅前広場で壮行式を催し半井市長、岩本県会議長がそれぞれ激励の辞を贈る」とあった。

だが、神奈川隊が出発したのは月末の三〇日であった。これは七月一〇日に第二次十勝行きと一三日の第三次上川行きが上野駅を出発した後、函館・青森の空襲により青函連絡船が全滅したためであった。この間の事情を、北海道から入植者支援のために派遣されてきた更科源蔵は、次のように記している。

> 七月一四日「明日出発する横浜隊を連れて帰れというので、横浜に打合せに行く。帰ると顔色を変えた同僚が青函連絡船が全部やられ、函館、森、八雲、室蘭、帯広、釧路などが銃爆撃

され、昨日出発の隊が仙台あたりで止められたという知らせを持って来た」(『札幌放浪記』八八〜八九頁)

七月一五日「送り出し中止の打合わせに神奈川県庁に行く途中、すでに出発用意をして駅で日の丸を振って〝万歳、万歳〟と送られているのに出会った。雨の降る中を集って来た人々に無期延期を伝える。これでやっと空襲の不安から脱出できると思って来た人々の、失望した顔が見られない。『これが戦争なんだ』といわれ何の不平もいわず、スゴスゴとあてもなく人々は街に散って行った。北海道は今日もやられたという情報が入り、皆ラジオのそばに集る」(同書八九頁)

七月三〇日「送別会の食べたもので中毒して皆バタバタ倒れる。空襲激化、何とか神奈川隊を送り出す」(同書九二頁)

更科源蔵は、七月なのに雨の降る日はセーターが欲しいほど寒かったという。私たちも無期延期といわれ、帰るべきバラックもない寒い雨の中をスゴスゴとどこへ帰って行ったのであろうか。

❋さらなる戦火のなかの逃避行

空襲と飢えを逃れて北海道へ向かった拓北農兵隊だったが、それはさらに戦火の中の逃避行であった。

七月六日に出発した第一次は、八日仙台空襲のため仙台の手前で途中停車を二時間程したものの、上野を出発して三五時間後の八日午前二時半に青森駅に到着した。そして、潜水艦の襲撃を警戒して暗夜の航海をさけて同六時「青函丸」に乗り込み、一一時に無事函館に着いた。しかし、七月一〇日に出発した第二次十勝行きと一三日に出発した第三次上川行きは、すんなりとは津軽海峡を渡れなかった。

七月一四日、一五日の両日、東北・北海道がアメリカ海軍機動部隊による攻撃を受け、青森や函館港内、津軽海峡の各所で運航中の連絡船一二隻のうち、沈没・座礁炎上が一〇隻、損傷が二隻、旅客・乗務員合わせて負傷者七二名、死者・行方不明者四二五名の被害を出すなど、輸送網が壊滅状態となったためであった。

七月一三日に発った第三次の人たちは、一五日午後青森に着いた。そして、やっと二一日に「帝国海軍」の海防艦で、婦人・子どもは船室と船底に、男は甲板に立って津軽海峡を渡った。

さらに青森市は、その一週間後の二八日～二九日にかけて大空襲に見舞われた。米軍の前進基地となった硫黄島を離陸したB29は、仙台湾から牡鹿半島へ抜け、鰺ヶ沢町附近から青森市に向かった。そして、暗闇に包まれた青森市に現れた六二機のB29は照明弾で市内を照らしたのち、M74六角焼夷弾三八本を束ねた二一八六発のE48焼夷集束弾を投下し、八万三〇〇〇本もの焼夷弾が逃げ惑う市民の頭上に降り注いだのだった。

M74六角焼夷弾は、従来型に黄燐《おうりん》を入れ威力を高めた新型焼夷弾で、青森市がその実験場となり、死者一七六七名、焼失家屋一万八〇四五戸（市街地の八八％）、罹災者七万一六六名にのぼった（この壊滅的な被害の生々しい体験集の朗読はインターネットでも公開している。青森空襲証言朗読で検索）。

「みじめな拓北農兵隊」として同証言朗読に収録されている山下三郎の体験も凄まじい。当時一九歳で東京外国語大学の二年生であった山下は、「拓北農兵隊」として単身北海道へ行く途中青森大空襲に遭遇した。

「空襲よりも何よりも、ここでの一〇日ばかりの生活（実際は幾日間いたのか正確な日数はまったく記憶にない）のほうが、私たちにはひどくこたえた。もっとも困ったのが食糧であった。旅行中なので手持ちの食糧はなく配給券がないので食糧がまったく手にはいらない。青森県庁にかけあってみたが、何しろ青森そのものが焼けてしまっているので工面のしようがない。一行二〇〇〇人に対して米二俵とほかに乾パン一人あたま六粒ずつが支給されただけだった。私たちは焼けトタンをひろってきてフトンがわりにし、焼け倉庫から黒こげの豆かすやミガキニシンを掘りだしてきて、生のまま食べた。火を焚くことを禁じられていたが、かりに許されていたとしても、丸焼けの街には燃料がなかった。そうした生活に耐えきれず、老人のなかから死ぬ人があらわれた。みんなで一〇銭ずつ出しあってみすぼらしいお棺を買ったとき、これが戦争というものだという実感が胸にしみて、一同は男泣きに泣いた」（『青森空襲の記録』編集委員会編『青森空襲の記録』一八三～一八四頁）。

＊青函連絡船の埠頭で

私たち神奈川隊は七月三〇日、空襲下の横浜駅前広場で壮行式が行われた。壮行式では、右側から北村隊三〇世帯、幌向《ほろむい》隊三〇世帯、長沼隊二八世帯、月形隊二五世帯、江部乙《えべおつ》隊二〇世帯、新十津川隊四二世帯、美唄《びばい》隊四九世帯、妹背牛《もせうし》隊二二世帯、由仁《ゆに》隊二八世帯の順に並んだ。そして、半井市長、岩本県会議長からの激励の辞に送られて特別列車に乗り、東京日暮里経由で東北本線を北上した。しかし、八月二日に函館に着き、三日の早朝長沼村に入植したが、四日かかっている。やはり、無事到着とは行かなかったようである。先の更科源蔵の『札幌放浪記』（九二頁）によって、この四日間を追ってみよう。

七月三〇日「空襲激化、何とか神奈川隊を送り出す」

七月三一日「私の証明書を持って宇都宮へ行った川崎昇君の友人が小金井で機銃掃射にあい、目の前にいた母子が即死した話をして帰る」

八月一日「北海道新聞支社へ行ったら、今夜日本を一四カ所（函館、長野、前橋、水戸など）爆撃するという〝東京の皆様へ〟というマリアナ放送があったという」

八月二日「昨夜は六時間やられた。鶴見、川崎方面だった。鶴見方面が終わったのでヤレヤレとゲートルとって横になったら、家の角にドカン、ガラガラと来た。八王子の方が真赤で入道雲に物凄い火焔がうつっている。川崎の石油タンクがやられて煙幕のように煙が焼野原を覆う」

私たち一家も鍋釜や持てるだけの食糧などを持って乗り込んだ臨時列車は、八月一日青森駅に着くまでに途中幾度も停まった記憶がある。駅に停車すると、飲み水や洗い物をするために先を競ってホームへと駈け出していった。五歳だった私には、真夏の車中で食べた饐《す》えたおむすびの臭いだけが記憶に残っている。

三日目に青森駅に着いたものの、見知らぬ青函連絡船の乗り場で私たちを残して再度荷物を取りに戻る母たちの背を追った記憶は、いまでも生々しく想い出される。

生後三カ月の弟を背負った九歳のすぐ上の姉と私の三人は、荷物番のため乗り場に残された。そして、ふたたび荷物を取りに駅へと向かう母に、〝カーチャンまた来てね〟と叫んだという。不安のあまり突然発した私の叫び声を、後年、母がよく思い出話に語ってくれたので、いまでも脳裏に焼き付いている。

こうして、青函連絡船が全滅したため稚内《わっかない》と樺太《からふと》の大泊《おおどまり》を結ぶ稚泊《ちはく》連絡船の貨物船だった「亜庭丸」に乗り、翌朝、函館に辿りついた。

「神奈川県の戦災地を出発した拓北農兵隊第四陣一九九世帯九八九名が二日午前元気一杯に来函したが隊員の一夫人が船中で丸々と太った男の子を産み幸先を祝福した船長も大喜び亜津雄と名付けたが一行は可愛い新隊員を加え九九〇名となり新天地を開く大きな希望を胸一杯にふくらませて午後発臨時便で空知に向け出発した」（「北海道新聞函館版」昭和二九年八月四日）。

なお、この「亜庭丸」は私たちを運んだ後、八月一〇日、機関故障により青森県茂浦沖で停泊中に米軍機の攻撃を受け炎上し、沈没してしまった。

函館駅には長沼村から夏井助役らが迎えに来られ、国民学校で受入れ式が行われた。なお、函館港から国民学校までは距離があり、一五歳の姉や一四歳の兄にとってさぞ辛かったことであろう。背に大きなリックを背負い、両手に米や油をぶら下げて歩きながら、何度も吐き気をもよおしたという。

休憩したのち函館駅を出発して野幌から夕張鉄道に乗り換え、翌三日早朝北長沼駅に辿り着いた（夕張線の北長沼駅は廃線により今はない）。当時の様子を副隊長だった服部清太郎は、次のように書いている。

「空襲下の横浜駅を二〇年七月三〇日出発し、八月三日早朝夕鉄北長沼駅に下車した時よりスタートを切る事になり、高橋鋼三郎村長はじめ由仁警察署長等有志の方々及び小学生の出迎えをうけ、村長と署長の激励の言葉を頂いた後、牛乳と赤飯の接待に預りましたが、この時のご馳走ほど有難く、又うれしく思った事は、今もって忘れません。それから、長沼隊三〇世帯は第三小学校、第六小学校、舞鶴小学校と三つに分かれ（中略）久しぶりに空襲警報の鳴らない一夜を明かしました」（『長沼町の歴史・下巻』五〇二頁）

私たちが北海道へ辿り着くまでを、黒澤酉蔵理事長の命により未だ空襲のつづく東京の「戦災者北海道開拓協会」へ派遣された詩人更科源蔵の活動や著書を通して辿ってみた。

〝屯田魂で、戦災者よ特攻隊に続け〟と檄を飛ばす北海道地方総監や〝農村を批判するな、根気よく土の文化を汲み出せ〟と叫ぶ加藤完治の檄とは違って、更科源蔵の『札幌放浪記』の「東京溶岩原」や「逃避行」の章に書かれたこの詩人の眼差しが忘れがたい。

〝札幌の灯も見おさめかも知れないなァ〟という文学の友でもあった作家・吉田十四雄氏とともに東京へ派遣されて、開拓協会へ相談に来る罹災者にむかって「北海道へ行ったって碌な食糧はありませんよ。いい土地なんてものもありませんし……」と正直に現地の実状を説明したら、「そんなことを言ったら誰も来ないではないか」と、仲間の皆につるし揚げられたという。

「どこにそんないい土地があるんだ。本当のことをいって、それでもいいと納得させたんでなければ、だましたことになるんでないか、われわれは東京の人でないし、ましてや焼け出された人を追出すんでなくて、その人達と一緒に北海道に帰るんだよ」と抵抗したりする。

事実、「集団帰農者の栞」で〝良いところから順次入植〟とあるにもかかわらず、函館に着いた第一次札幌隊に対して、「札幌村には土地はありません。このまま引き返して下さい」と告げられたという（詳しくは太田恒雄『世田谷物語』）。

なお、同じような体験を、第二次拓北農兵隊として豊頃に入植した細谷源二は『泥んこ一代』で詳細に書いている。

さらに、詩人の眼差しを追ってみよう。

「雨の降る中を集まって来た神奈川隊の人びとに無期延期を伝える、これでやっと空襲の不安から脱出できると思って来た人々の失望した顔が見られない。〝これが戦争なんだ〟といわれ何の不平をいわず、スゴスゴとあてもなく人々は街に散って行った」

さらに、「逃避行」の章では、第六次拓北農兵隊を率いて爆撃された東北本線から奥羽線まわりで行くことになり、東北本線の黒沢尻と小牛田で積み込むはずの弁当が入らなくなってしまい、夜中頃通る秋田に緊急に弁当の積み込みをお願いした、とある。

「秋田着は夜中の二時半、ホームに箱につめられた一五〇〇人分の弁当が、夜目にも白々と尊いものに見えた。女子実業学校の生徒が夜中までかかってつくってくれたのだという」（九六頁）

白々と尊いものに見えたこのお弁当を手にした、戦災者の笑顔が浮かんでくるようだ。

そして最後に、こう結んでいる。

「一六日未明に札幌に着く。臨時特別列車はここで終り、ここから隊員達は敗戦という新しい運命のもとに、各地の開拓に向って散って行くのである。その行手には何が待っているか誰も知らない」（一〇二頁）

私たち長沼隊には、何が待っていたのであろうか。

3　入植地・長沼での想い出

❄バラックから一戸立ての家へ

　この年、冷害に見舞われた真夏の北海道は、肌寒かった。しかし、緑一色に彩られ果てしなく広がる田園風景、初めて見るポプラの木々は高くそびえ、その遙か先には紺碧の空が広がっていた。爆音も空襲警報もなく、灯火管制下の夜空を照らす探照燈（サーチライト）の寂しげな灯もなかった。焼け跡で住む家も無く、なお空襲と飢えの恐怖におののきながら暗いバラック生活を余儀なくされてきた私たちにとって、まさに別天地のようだった。

　こうした弾むこころとは裏腹に、私たち戦災者の容姿は、まさに〝ホイト〟であった。この地へ来て初めて耳にしたこの地の方言は、〝ものもらい〟〝こじき〟を意味するが、開高健の『ロビンソンの末裔』でも戦災者を「乞食旅団」と命名していたほどである。

　私たちは南長沼に配属された。ここ南長沼は市街地のある中央長沼と北長沼、西長沼に大きく分かれており、それぞれ碁盤の目のように東西南北に整然と区画されていた。南長沼の三号近辺に第三小学校を中心に農協、駐在所、消防署、蹄鉄屋、床屋、米屋などがあり、六号には郵便局や小さな商店街などもあって、それなりに賑わっていた。

私たち一家は、第三小学校に一時宿泊したのち、二〇区の責任者をしていた柏本万吉さん宅に身を寄せた。入植して間もなく敗戦を迎えることとなる当時の様子を、副隊長の服部清一郎は次のように書いている。

「一週間後援農という名のもとに、田の草取りに出る事になりましたが、生まれて始めて田の中へ足をふみ入れる者ばかりで、ひえ（稗）のつもりで稲を抜き、ある農家から途中で手伝いを断られた事もありました。そうこうするうち、八月十五日となり終戦ときまりました時は、お互いにアッと言ったきり、あとは言葉がでませんでした。しばらくしてだれもが、〝もう二週間横浜に居たら来なくても済んだものを〟とさも残念そうに言いましたが、他の者も同じ気持で居たのは間違いなく、私の家族も帰る気になりました。」（『長沼町の歴史・下巻』五〇二〜五〇三頁）。

私たちも間もなく手配された家々へ農作業の手伝いに出かけた。当地ではこれを出面《でめん》といったが、母たちの苦労をよそに、お昼に出された北海道のおいしい豆の入ったご飯の味が忘れられない。焼け跡の暗いバラックで、大豆の押しつぶしたわずかばかりの豆ご飯とは、雲泥の差であった。母や姉、兄たちが朝早く出面に出かけた後、すぐ上の姉の手に引かれて、子どもながらに気が引ける思いもしたが、お昼ご飯のおよばれに出かけていった。行く先々では快く迎え入れてくれ、気兼ねすることもなくお腹いっぱいいいただいた。

ここ長沼の人たちも祖先代々からこの地で農業をやってきたわけではなく、明治や大正時代に開拓に入り、互いに助け合いながら暮らしてきた。また、昭和一六年頃からは、村が援農隊を組んで出征家族の田植え、草取り、収穫にも取り組んでもいたのだった。これは当時五歳の記憶なので、入植した人たちの体験記を読むと、原野や泥炭地で味わった悲惨な情景とはほど遠いかもしれない。

また、黒澤酉蔵の入植計画では、入植者を三つのグループに分け、第一グループは主として着の身着のままの婦人、子どもを中心に援農作業従事者として入植し、住居は農家の一部を貸すというものであった。第二グループは、疎開者が自給自足の農業を直ちに始められる地帯へ入植するもので、昭和一七年以降の離農跡地と部落に近接した国有未開拓地へ、第三グループは、多少離農地もあったが主には民有未墾地への入植であった（『北海道開発回顧録』二九四〜二九五頁）。

私たちは、父が徴用されていたためか、幸いにも第一グループに配属されたようだった。同じ長沼でも舞鶴などの西長沼へ入植した人たちは、湿地帯でよく水害に悩まされた。

入植して二カ月後には、同じ二〇区の東六線南四号に五町歩余りの土地の払い下げを受け、家を建ててもらった。こうして飢えからはなんとか解放されはしたものの、北国の冬の寒さは想像を絶するものであった。瞼がくっついてなかなか離れなかったり、バケツなど金物に触るとピタッとくっついてしまい、痛い思いなどをした。

私たちの入植した昭和二〇年は冷害で、倶知安《くっちゃん》観測所ではマイナス三五・七度を記録したほどだった。二カ月足らずの老兵だった父も暮れには帰って来て、ともあれ、私たち一家は一年目の寒い冬をなんとか乗り越えた。

＊馴れない農作業に明け暮れて

敗戦の翌年、私は最後となる国民学校へ入学した。雪解け道を長靴もなく、下駄を履いて登校したが、教科書も、エンピツも、ノートもない暗い入学であった。校門を入ると、真正面に御影石《みかげいし》造りの奉安殿《ほうあんでん》（天皇と皇后の写真を納めていた建物）が聳《そび》え立っており、お日様に照らされて光り輝いていた。

教室では、戦前の教科書にスミを塗るということもなかった。ただ、先生が黒板にカタカナでイロハニホヘトと書くのを、手で机の上になぞるだけだった。こうして、私の入学した長沼第三小学校での学校生活は始まったが、間もなく、あの光り輝いていた奉安殿も取り壊され、大きな御影石の塊が運動場の片隅に永らく横たわっていたのがとても印象的だった。

春を迎え、野にタンポポが咲き、あちこちの田んぼからはヒバリがさえずり、山ではカッコウが鳴くころ、村の人たちに手ほどきされながら、見よう見まねの稲苗づくりの作業が始まった。五月末とはいえ、水を曳いた田んぼに足を踏み入れると震え上がるほど冷たく、泥炭地特有の葦の根が足の裏に刺さって、土の感触はしなかった。

いよいよ米作りの開始である。だが、初めての農作業で母や姉・兄たちがどのような苦労をしたのかはよく覚えていない。

この年は、前年の冷害・凶作と打って変わって気温順調で九月中旬には早くも新米を出荷し、豊作だった。そのために、全国的に食糧不足で札幌や小樽から買い出しに多数やって来た。これを

「ばくり屋さん」といい、小樽から来た勝田さんとは大変懇意になったのを覚えている。なお、『南長沼百年史』によると、この年の拠出米が一俵二二〇円なのに、ヤミ米は二〇〇〇円にもなったという（九六頁）。

そして、次の年も豊作で私たち入植者に対して、次のような評価がなされた。

「戦後は、一層食糧増産が要求され、このため町内の国有及び民有地合わせて二〇〇〇余町歩を開墾することになった（中略）昭和二〇年の八月三日、横浜市戦災者の拓北農民団（団長森虎蔵）三〇世帯が南部及び西長沼地区に散在して入った。しかし、この開拓団は終戦と同時に続々引き揚げ、残った者は翌二一年の春には十数戸であった。この残った農民は拓北横浜同志会（会長服部清太郎）をつくって強固な団結のもとに開墾に従事し、二二年の強権発動の時でも一二〇％以上供出した。これは、他の開拓団より土地条件の良さもあったが、その成績は高く評価された」（『長沼町九十年史』四五三頁）

❋ふたたび戦争・地震に遭遇する

学校の裏手は高い土手になっていて、きれいな水をたたえて馬追運河が流れていた。子どもたちは「ホンセン」といって、学校が終わるとよく水遊びをした。川幅は一〇メートルほどあり、格好の遊び場だった。

あるとき、この運河に大量の糞尿が流れてきて泳げなくなってしまった。先生の話では、千歳の飛行場にアメリカ軍がやってきて、流したものだという。やがて、C－119フェアチャイルドという輸送機が飛来し、F－86ジェット戦闘機がすさまじい爆音を響かせながら私たちの上空を低空飛行した。

朝鮮戦争がはじまり、千歳空港は兵站《へいたん》基地となった。米兵相手にいろんな人たちが千歳に流れ込んできて、街はさながら西部劇に出てくるような俄づくりの家が建ち並んだ。三八度線をめぐる攻防や津軽海峡へ流れてくる機雷など、戦争の話は怖かった。

この戦争の想い出として、忘れられないことがある。それは、野ワサビについてである。春先、少しあたたかくなると畦の雪から溶けはじめ、野ワサビが生えてくる。ある時、北大生が学校にやってきて、野ワサビを採ってきてくれれば、ピンポン玉やラケット、ドッチボールなどと交換してくれるという。運動具があまりなかったころで、冷たさを忘れて野ワサビを採り、北大生が来る日に持って行った。こうして集められた野ワサビは、何に使われたのか定かではない。後年に読んだ小説に、アメリカ兵の遺体防腐のためワサビなどが使われた様子が出ていたが、果たしてそうだったのだろうか。しかし、朝鮮戦争特需のなか、長沼では供出米以外のヤミ米がよく売れた。

小学校生活も卒業式を迎えるころ、初めての大地震に震えた。冬になると教室に大きなストーブが入り、その周りにお弁当箱を並べた。暖まった弁当箱からほのかにタクワンの臭いが漂ってくるころ、ストーブに掛けたカナダライが突然吹っ飛んだ。ドーンと下から突き上げられるとともに、大きく横揺れがはじまった。

先生の号令で、一斉に窓から外へ脱出した。幸い雪の中に転がり落ちたので、怪我をした子はいなかった。校庭にやっと集まったものの一、二年生は、笑っているのか泣いているのか、ワーワーと叫びながら転げ回っていた。三号の川では、スケートもできるほどの厚い氷がガサガサと大きな音を立てて割れ、一層不気味だった。

これは一九五二年三月四日に十勝沖で起きたマグニチュード八・二の大地震だった。程なく地震も収まって教室に戻ったが、トイレの悪臭が全体に充満していて、とてもお弁当を食べる気にならなかった。家へ帰ると母が待っていて、娘のころ東京の蛎殻《かきがら》町で奉公していたとき関東大震災に遭い、それは怖い想いをしたといって、いろいろと体験を聞かせてくれた。

この十勝沖地震から程なくして、六年間お世話になった第三小学校を卒業した。四一名の級友も、それぞれ中央長沼中学、南長沼中学へと進学していった。

中学に入学して半年後の一九五二年一二月、いろいろと想い出を袋に詰めて私たちは長沼を離れた。長沼に滞在した七年間は一度も冷害に見舞われることもなく、農作業にも馴れてきた父や兄は、この地に留まって農業を続けていきたい意向であった。しかし、適齢期を迎えた長女がもし結婚でもしてしまったら一人残して内地には帰れないという、母の強い決断で横浜へ帰ることとなった。

その後、この穀倉地帯の長沼に入植した人たちも冷害や水害、減反政策などにより相次いで離農した。ただ一軒、二〇二〇年一二月まで在住していた木口敏雄さんも、九二歳で亡くなった。

一九五二年の暮れは、炭労・電産・国労の大規模なストが行われていたため、混雑を予想して札幌駅の一つ手前の苗穂《なえぼ》駅から乗車し、一路横浜へと向かった。行きの真夏の青森駅も帰りの真冬の青森駅も、大混雑していた。

＊むすび

一九四五年五月「北海道疎開者戦力化実施要綱」が策定され、五万戸・二〇万人の集団帰農計画によって七月から一一月の間に三四六七戸、一万七三〇五人の戦災帰農集団が北海道へ渡り、道内一二支庁、一三七町村に入植した（北海道開拓協会「北海道に於ける戦後開拓の現状と対策試案」一九四六年七月）。

入植の最も多かったのは網走支庁で七一三戸（三八〇一人）、以下、十勝支庁六九八戸（三三八八人）、上川支庁六九〇戸（三四二一人）、空知支庁四一五戸（二一一四人）、石狩支庁三七〇戸（一八四八人）の順である。

なお、この拓北農兵隊は敗戦までに第一次から第六次の東京隊と神奈川隊、名古屋隊、大阪隊が各地に入植した。そして、敗戦直後の八月三〇日に「拓北農兵隊」は「拓北農民団」と名称を変えて戦後開拓へと動員された。

戦後七五年という節目の年を迎えた。私たちにとっても、七五年前の体験は忘れがたいものがある。幾多の体験者が綴った記録や文献を頼りに、私たちが辿ってきた苦難の途を書き留めてみた（なお、詳しくは拙著『拓北農兵隊』を参照）。

最後に、「北海道新聞」に掲載された大原槙子『クマイザサの二十三軒―東京から来た拓北農兵隊』を「書き終えて」の記事を引用して、終わりとしたい。
『拓北農兵隊』は戦争の後始末として、戦後緊急開拓が始められるよりも前の、いわば戦中と戦後のすき間に設けられた、戦争『棄民』である。
十分な保障もなく北海道の原野に放り出され、戦後開拓政策のなかに横滑りさせられた人々。大空襲による地獄を見てきた彼らは、北海道の山林に入植後も、血と汗と涙を絞る労苦を味わい続けた。そして大半は離農した。だが、払い下げの国有林をくじ引きで割り当てられてさえ、未開墾地に果敢に挑んだ人々の、真摯な生き方に触れるとき、人間の尊さや奥ゆかしさを改めて知らされる。そして神居共栄に東京部落があったことを証明する『雨紛囃子』が残っている。人間がそこに生きたあかしとして、あるいは文化がどのように伝えられて行くかの、価値ある手本である」(一九九八年一一月二四日夕刊)。

【二〇二〇年一〇月　記】

〔いしい・つぎお＝一九四〇年一月、横浜市に生まれる。一九四五年五月二九日の横浜大空襲により戦災集団疎開者となって北海道夕張郡長沼村へ入植。一九四六年、長沼第三国民学校に入学し中学一年二学期まで在学。一九五二年末に横浜へ帰郷。一九六三年、労働旬報社（現旬報社）に入社、雑誌、書籍の編集に携わる。二〇〇二年に退社。二〇一九年に『拓北農兵隊――戦災集団疎開者が辿った苦闘の記録』（旬報社）を刊行し、拓北農兵隊に関する資料収集、調査をライフワークとして活動している。〕

◆拓北農兵隊（農民団）町村別受入地・戸数　一覧

注1：町村別受入決定・見込戸数表は北海道立図書館所蔵の「北海道集団帰農者書類」による。

注2：八次から一一次の入植地の地名に町村が記入されていないが原文のママとした。

注3：四次神奈川、八次大阪、九次大阪、愛知のほかは、東京都からの出発。

注4：敗戦により拓北農兵隊は「拓北農民団」と名称が変わった。

＊第一次町村別受入決定戸数

支庁名	町村名	下車駅名	決定戸数
石狩支庁	白石村	白石	一八
	江別町	野幌	三一
	札幌村	苗穂	一八
	手稲村	軽川	一五
	琴似町	琴似	一二
	豊平町	札幌	四〇
空知支庁	角田村	栗山	五三
	栗澤村	清眞布	一一
		合計	一九八

＊第二次町村別受入決定戸数

十勝支庁	豊頃村	豊頃	八五
	川西村	帯広	三八
	大正村	更別	三〇
	芽室村	芽室	四八
	大樹村	大樹	三九
	音更村	音更	二三
	中士幌		一二
		合計	二七四

＊第三次町村別受入決定戸数

上川支庁	比布村	比布	二四
	美深町	美深	三七
	風連村	風連	三五
	名寄町	名寄	三九
	和寒村	和寒	二〇
	剣渕村	剣渕	九
	多寄村	多寄	一八
	士別町	士別	三〇
	當麻村	當麻	二四
	東旭川村	東旭川	一八
	永山村	永山	一二

	上士別村	士別	一八
		合計	二八四

＊第四次町村別受入決定戸数

空知支庁	北村	岩見沢	三〇
	幌向村	南幌向	三〇
	美唄村	美唄	四九
	長沼村	長沼	四〇
	江別乙村	江別乙	二〇
	月形村	石狩當別	二五
	新十津川村	滝川	四二
	妹背牛村	妹背牛	二二
	由仁村	由仁	一五
		合計	二七三

＊第五次町村別受入決定戸数

上川支庁	美瑛町	美瑛	三五
	神居村	旭川	二〇
	東鷹栖村	旭川	一〇
	鷹栖村	旭川	二八
	神楽村	旭川	二〇
	東神楽村	旭川	一九
	東川村	旭川	一四
	菱別村	菱別	一六
	美深町	美深	一四
	下川村	下川	一六
	智恵文村	智恵文	二〇
空知支庁	多度志村	多度志	一六
	秩父別村	筑紫	二一
	一已村	深川	二六
	納内村	納内	一三
		合計	二八八

＊第六次町村別受入決定戸数

十勝支庁	新得町	新得	二〇
	清水町	清水	二六
	御影村	御影	二七
	鹿追村	鹿追	五〇
	士幌村	士幌	五〇
	上士幌村	上士幌	四〇
	音更村	音更	一〇
		木野	一〇
		駒場	九
	幕別村	幕別	四〇
		合計	二八二

＊第七次町村別受入見込戸数

支庁名	町村名	下車駅名	見込戸数
後志支庁	狩太村	狩太	一五
	京極村	京極	一五
	前田村	前田	一五
	倶知安町	倶知安	三五
	発足村	幌似	一五
	眞狩村	狩太	二〇
	南尻別村	蘭越	二〇
	黒松内村	黒松内	一五
	喜茂別村	喜茂別	二五
	熱郛村	熱郛	一〇
	留寿都村	喜茂別	一〇
石狩支庁	千歳町	千歳	三〇
	廣島村	北廣島	一五
	恵庭村	恵庭	二五
	當別村	石狩當別	一五
	新篠津村	石狩當別	二〇
		合計	三〇〇

＊第八次町村別受入見込戸数

空知支庁	芦別	芦別	四〇
上川支庁	富良野	富良野	二〇
	南富良野	幾寅	一〇
十勝支庁	池田	高島	二二
		利別	一〇
		池田	二三
	本別	本別	二〇
	西足寄	足寄	二五
	大正	更別	三〇
	芽室	芽室	一五
釧路國支庁	淕別	淕別	二〇
網走支庁	置戸	置戸	五〇
	訓子府	訓子府	一五
		合計	三〇〇

＊第九次町村別受入見込戸数

網走支庁	上斜里	上斜里	三〇
	美幌	美幌	三五
	小清水	古樋	三〇
	津別	津別	三〇
	網走	津別	四〇
	斜里	斜里	四〇
	生田原	上生田原	一〇
	端野	端野	三〇
	留辺蘂	留辺蘂	一五
	常呂	常呂	一〇
	相ノ内	相ノ内	一〇
	女満別	女満別	二〇
		合計	三〇〇

＊第一〇次町村別受入見込戸数

渡島支庁	森	森	二〇
	落部	落部	一〇
	八雲	八雲	三〇
	長万部	長万部	二五
檜山支庁	利別	今金	三〇
網走支庁	遠軽	遠軽	二三
		瀬戸瀬	一三
		丸瀬布	七
		白滝	七
	上湧別	中湧別	一〇
	下湧別	下湧別	一五
	紋別	元紋別	二〇
	興部	興部	一五
	西興部	上興部	一五
	滝ノ上	滝ノ上	二〇
	佐呂間	中佐呂間	四〇
		合計	三〇〇

＊第一一次町村別受入見込戸数

後志支庁	南尻別	蘭越	二〇
石狩支庁	當別	石狩當別	四〇
	廣島	北廣島	三五
空知支庁	由仁	由仁	一〇
	長沼		四〇
	幌加内		四〇
上川支庁	美瑛	美瑛	二〇
	東鷹栖	旭川	三〇
	鷹栖	旭川	二五
	下川	下川	二〇
	中川		二〇
		合計	三〇〇

Ⅱ章　ドキュメント・拓北農兵隊

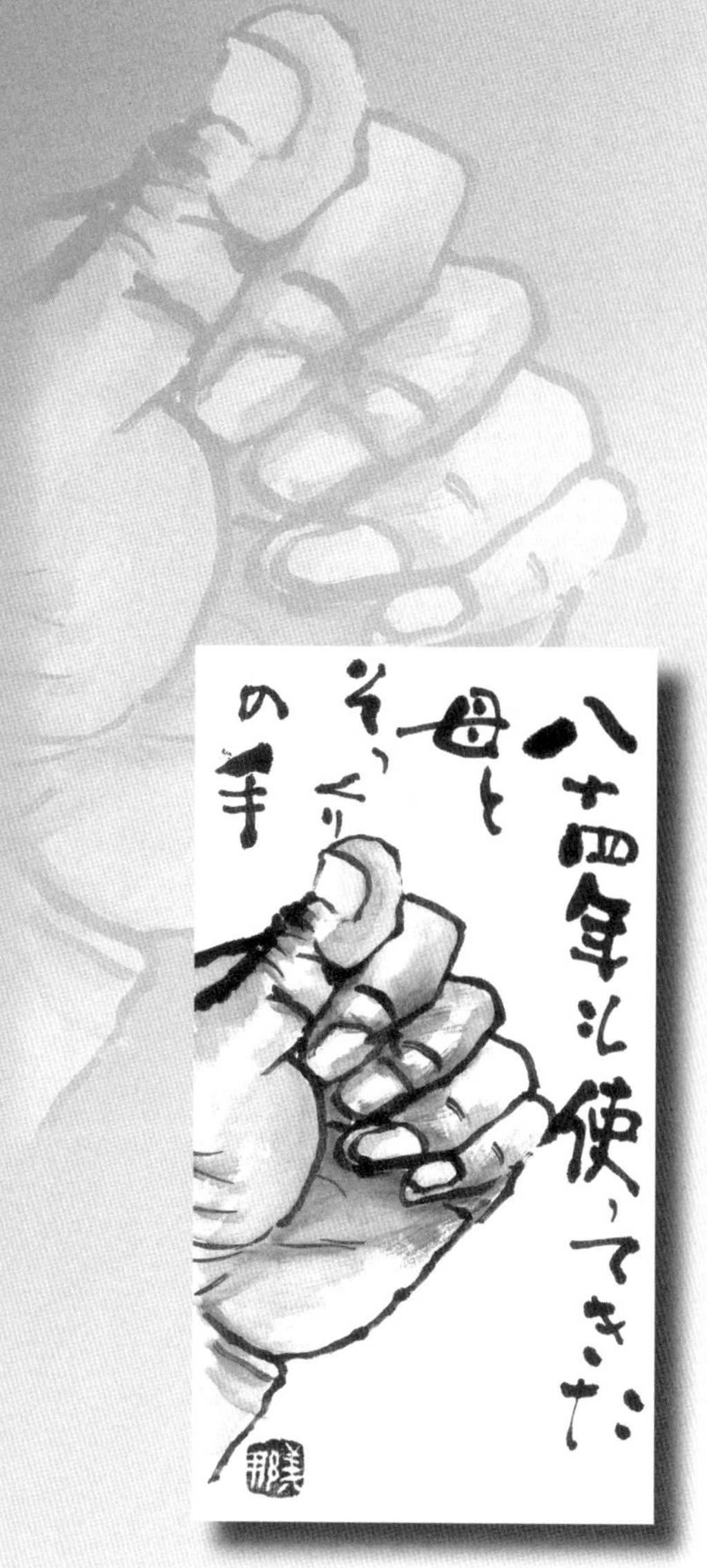

手

1　白雲を眺めて

手稲村入植　田中　草門

函館本線軽川《かるがわ》駅（現在の手稲駅）を降りて右へ約一町（一〇九メートル）ほどで踏切がある。その踏切を渡って一直線に北へ蕨《わらび》原野を裁断した広い路を三〇分ほど歩くと、左側に堀割にかかった小さな橋にいやでも行き当たる。なぜならばこの広い路もここまで伸びて終わりを告げているからだ。あとは橋を渡って真直ぐ林の前を前方に二、三点在する農家の方へ、もう一つは橋から直ぐ右に折れて林の横を掘割に沿って浜の方へ、二つともやっと馬車が通れる位の幅に凹凸のひどい道となって続いているのである。

その二つの道を直角にした角にある落葉松の林の中で先ほどからばさり、ばさりと立木の倒れる音がする。林の前は道をへだて、夏の日に良く伸びた牧草畑が、はるか彼方の蕨原野に続いている。蕨原野の向こうには美しい手稲山山麓があり、そこにはよく耕された絨毯《じゅうたん》の様な山畑を縫って走る汽車が、遠くだがよく見える。村の人たちはこの走る汽車と太陽のある所で時間の経過を野良で知るのである。近くの農家の牡牛が時々吼える、静かな風景の中でその声は逞しく響いた。

林の中からまたばさりと立木の倒れる音がした。

耳を澄ませばゴリゴリゴリゴリと鋸《のこぎり》の音があっちこっちから聞こえてくる。夏の日は生い繁った立木の枝葉を通して黄金の陽を点々と下の雑草に注いでいる。其の中に赤い草苺が寄ればば刺すよとばかり棘をもたげて生っているのが可憐だ。ピリピリピリと緑蔭の中で呼笛が鳴った。鋸の音がとたんに止んであっちこっちで人の声が起こる。

時間は一一時はとうに過ぎて一二時近くなっているらしい。斧を持っている者、薪割を持っている者、鉈《なた》を持っている者、鋸を持っている者、皮削りの鎌を持っている者等々。思い思い伐採に手頃の用具を持って、日に焼けた光った頬に目ばかり光らした男が三人、四人とかたまりながら枝を張った落葉松の中を、下草を踏んで出て来たのである。総数一五、六人のこの男たちは何者だろう。風体は様々である。

百姓の様でもなし、樵人《しょうじん》（きこり）でももちろんない。そうかと言って土工の様でもなし、体格からして労働に従事するには貧弱である。もちろんこの村の旧来の住人でないことは一目で解る。しかし、村人は既にこの一団を知っていると見え、近在の農家の人々であろう、向こうから相当年輩の小作りながらがっしりした身体を、轍《わだち》の跡の深いでこぼこ道を身軽に運んでやって来る人がある。ばったりこの一団の人々に出会った。「やあご苦労様、毎日えらいね」といかにも気軽に親しく声をかけた。「こうして立木を切倒しておりますが、小屋の立つ見通しが全くないので心細いです」と、答える人の声にはなまりがなかった。

昭和二〇年七月も既に終わり、春以来の気温の変調は真夏の太陽に水をかけた様、熱を失って肌涼しい風は秋風の様に白く吹いている。殊に朝夕の冷は酷しい、この調子では稲は駄目だ、と聞かされたのもこの頃、事実鉄道線路に沿う手稲村の稲田は、まだ苗植の直後の様に冷たい水面が見えていた。

既に林を出た一団は出会った村の人をまじえて橋を渡り広い路を山に向かって、軽川の方へ三々五々と歩き出していた。それは昼食のために林から四、五町南方にある元三浦牧場の牛舎（現在は北農の草炭工場となっている）へ帰るためである。

放牧の牛は果てしない原野の中に点々と見える。吹く風に鳴る蕨の葉ずれ、蜻蛉《かげろう》の群れ、路傍に咲く赤いはまなすの花、天を摩すポプラの防風林が点々と見える。赤いサイロのある農家、はるか彼方につらなる北の山々の遠望ゆるやかに飛ぶ白い雲、涼しいとは言え夏の昼さなか、洋画の様に明るくて強いこれらの風景に、この人々は新しい土地に来たことを痛感したのだった。

これは昭和二〇年七月六日、時の政府の戦災者、疎開者を目標に計画せる北海道開拓の集団帰農に応じて、雄々しくも前途に輝しい希望を抱いて、火焔《かえん》の東京を後に、北海道を死所と決して上野駅を立った、東京都杉並区内の人々の苦難の姿である。

官吏あり、会社員あり、新聞人あり、建具屋さん、古董商、指灸師、雑役、刺繍屋さん、その他さまざまな職業を過去に持った人々が戦災にあい、強制疎開を受け、住む家なく離散せる家族をまとめて、一途食糧増産報国の一念に燃え、勝つために一切を犠牲にして白紙の入植をしたのだ。「北海道開拓集団帰農手稲農民団」――これが彼らの団名である。我々は毎日、中村隊長の下に規則正しく行動して働いた。

差し当たりの住居として村当局で用意されたのは、二カ月前まで牛が二、三〇頭いたという石のサイロのある牛舎を、一七家族が入れる様にそれぞれ板で区画した、異様な臭気のする窓のない真っ暗な一間であった。初めて着いた一同は先ず悪臭と暗さに驚いた。

多い家族で一〇畳、少ない家族で六畳程度の広さの中へ持って来た夜具、衣類、食器類、鍋釜、手廻品などを詰めると寝る場所は半分になってしまった。それでも一戸当たり一五個と制限されて送った荷は、全部ほどくことが出来ず、狭い通路に荷作りのまま我が部屋より高く積み重ねたのであった。

六分板を打ち付けた上に筵《むしろ》を四、五枚敷いたその部屋は、雨が降れば滝の様に上から雨水が落ちた。鍋、釜、バケツ、桶、洗面器、樽、御櫃《おひつ》、ドンブリ等々、あらゆる器を総動員して狭い部屋に並べた。もちろん夜は皆一睡も出来なかった。こうして雨水に濡れた筵は幾日も乾かなかった。そして、いつもじめじめした筵に寝るより外なかった。それればかりではない、夏とはいえ蝿と蚊と蚤《のみ》と虱《しらみ》に悩まされたのである。

こうした昼でも真っ暗な一間に起居の日を送らなければならなくなった中村隊長一同は、先ず互いに気にならない様注意し合ったのだ。それでも夜毎空襲に脅かされた東京での生活を思い出して、寝られるだけしあわせだ、と言うものもいた。こうした中にも我々には輝かしい前途がある、国家の使命で来たのだ、慣れぬ仕事ではあるが国策に応じてはるばるやって来た意気は盛んであった。頑張るぞ、頑張るぞ、国家の保護の下に働く我々は、個人入植者と別な勤労意欲を持っていた。

我々の直接の指導は部落会長の三浦義雄氏が当てられ、村役場、農業会の援護の下に、それから毎日、自家菜園耕作に、建設用材としての落葉松伐採に、あるいは近在の農家へ農業見習の援農に、食糧補給の野草取りに、男も女も子どもも働ける者は全部総出で働いたのである。

炊事は着いた日から共同炊事、専任の男子一人に女子二人ずつ毎日交代でやった。道内食糧事情の切迫から、我々の食糧は日一日と悪化し、わずかばかりの手持食糧は瞬く間になくなった。純朴な農家を悪化させ配給ルートを乱すというので、買出を禁じられた。我々は全く配給以外に食糧を得る道はなかった。

村当局、農業会の人々も我々の実情を知って、何くれとなく面倒を見てくれたが、次々と起こる悪条件に、困窮の度は深くなるばかりであった。身体はだんだん痩せて、疲労度は上昇した。慣れぬ労働に必要以上の労力を奪われ、関係者、村人たちから、腑甲斐ない目で見られる様になった。ことに明治牧場へ援農に行った時の牧草積みの作業は、一週間ほど続けられたが、その時は皆へとへとに参った。帰りには歩くことすら難儀であった。

また、冬の食糧獲得の意味で、村の人たちによって起こされた荒地に蕎麦《そば》の蒔付をしたことがある。その時も隊員の一人に、あれは病気かとその不活発さを暗に指摘するかの如く、詰問的な眼差しを向けて注意した農業会の指導者もあった。しかし誰も休む者もなく、マメだらけの手に鍬を振って皆頑張った。

この間、空襲は再三あり軽川の石油タンクが燃えたのもその頃であった。防空壕は牛舎の横に並木を利用して、素掘ながら掘られた。こうした中でも援農先で美味しい牛乳や、薯《いも》汁などを出されるのを、東京にいては味わえないなど、何よりもそれを皆楽しんだが、張り切って行った先で案外すげない仕打ちをされ、昼食になっても湯一杯出さないと憤慨して、誤解による世の冷たさをしみじみ感ずる様なこともあった。

皆食糧さえあればどんな重労働でも頑張るんだが、と痩せた腕をさすって苦笑した。こんな調子で斃《たお》れる者が出なければいいが、と誰言うとなく言ったが、皆顔を見合わせて黙った。

我々の栄養失調を知らぬ村民は、農民団の連中は配給の竹輪で皆下痢をして青い顔をしている、安いとばかりあんまり食うからだ、と陰口をした。こうした陰口は再三我々は耳にしたのだ。また、近くの農家の人々が我々の真の窮状を知って、統制下不充分ながら毎日牛乳を入れてくれる様になったのもこの頃、そのお陰で乳飲児を抱えた母親たちは、どんなに助かったことか、我々の命の親とも思い感謝したのである。子どもたちが牛乳、牛乳と言って毎日喜んだあり様は、我々の生活をどんなに明るくしたことか知れなかった。

一刻も早く不衛生極まる牛舎生活からのがれたい。この一事は食糧不足がかもす共同炊事の欠陥も暴露して、全隊員の何を置いてもの願望だった。落葉松の伐採は非常にはかどって、柱・板・貫・樽木等の建築資材の入手次第、小屋は何時でも建設にかかれる様になった。

委員を選んで道庁へ再三、再四、釘の交渉にも行った。役場当局はもちろんあらゆる方面へ手を打って、建築の促進を計った。このためには中村隊長をはじめ、四藤、大杉、岩田の幹部委員は、寝食を忘れて奔走したのであった。全く東奔西走である。その結果は毎日の朝礼時に報告され、皆一喜一憂したのだった。

部落会長もいろいろ心配してくださった。そして建築も建築であるが、食糧問題については、援農先から食糧を得る方法もあるから、どしどし援農に行く様にと言われた。直接責任のある役場の人々も、出来るかぎりのことは、してくれている様であった。しかし、食糧の不足と過労から、遂に二人、三人と休むものが出てきた。

中村隊長はこれらの人々を案ずるが如くじっと目をつむった。これまでいろいろ団員の食糧獲得に心を痛めてきた隊長であるからだ。援農に行っても不慣れとはいえ、活発に働き得るものが段々と少なくなった。自然、援農先から同情のないいろいろな苦情を、耳にする様になった。

村では作物荒しを、我々のせいにした。背に腹は変えられず、禁じられていた買出も誰となくする様になった。慣れぬ労働に食糧不足が、どんなに我々を苦しめたか、村の評判が不当に悪化したのもこの頃である。部落会長もいろいろ心配して、再三隊長を通じ我々に忠告せられた。

軽川の町で腸チフスが流行し出した。子どもたちの学校友たちが札幌の病院へ運ばれた。過去の生活と比較して、不健康極まる現在の生活に、この悪疫の流行を我々は何より恐れた。

隊長は冷々とする暁の屋外に一同を集めて、切々と説いた。隊長の目には、道の辺りに宿す草露の如き露色の光があった。

1、悪疫流行の折柄各自健康に注意し、特に集団生活をしていることを銘記して、不衛生なる行為をせざる事。

雄大な理想と使命を以って渡道した我々だ、各自の不注意から一人でも犠牲者を出す様な事があったなら、永遠の恨事である。

1、それから特に火気に注意する事、火焔を越えはるばるここに来たのだ、再び火の災害に会わぬ様充分注意せねばならない。非常にお世話になっている部落の人や、役場当局、農業会の人々に対し、これ以上の迷惑は絶対にかけられない。万一不注意の結果大事を引き起こす様なことがあっては、これらの人たちに申し訳ないばかりでなく、僅少の家財ではあるが、我々にとっては何物にも代えられない大切なものだ。これを失うは我と我が命を失うに等しい。

1、お互い食糧には困窮している。しかし、この問題は我々のみではない。大戦争をしている全国民も、同じ問題で苦しんでいるのだ。各自は良心を以って、団員の一人であることを自認し行動してほしい。村のとかくの風聞も自分は団員を信じるが故に安心している。何卒自分だけ良い子になろうと言うが如き考えは捨てて、今後共一層の自重をお願いする。東京人の名誉の為に、また万人が注目している集団生活を乱さぬ為に。

皆頭を垂れて聞き入った。隊長は団員の苦労を身を以って体験している。環境の不健康と栄養不足と毎日の過労に団員の神経は麻痺状態にある。何時不慮の災難が突発せぬとも限らない現状だ。隊長に言われるまでもなく、心あるものは不安におののいたのであった。

この間に、留岡道庁長官、黒澤北農副会長の訪問を受けた。そして激励の言葉を賜ったが、多くの人々がぞろぞろ来て、何か見物に来られた様な印象しか残らなかった。

こうして歴史の日、昭和二〇年八月一五日は来たのである。

盆の日だったので、当日は入植以来初めて全員休養した。かねての部落会長の発案通り、近くの浜へ二、三の留守員を残し、全員何も知らずに引き網の遊びに行ったのだ。正午過ぎ、天皇陛下の御放送を学校へ行った子どもが帰って来て知らせたので、初めて知った。居合わせた人々は、事の重大さに持っていた箸を落とした。

そのうち新聞が来る。浜から人々が帰って来る、戦争の終結に皆茫然として声を呑んだ。新聞を貪る様に読んだ。久しく音信のない戦地の我が子、我が夫に遠く思いを走らせ、胸を痛め目をとじ、そして語り合った。来たるべきものがついに来たのだ。我々はどうなる。

政府を信じて我々はあらんかぎり戦ったのだ。何もかも無一物となって戦ったのだ。そして、逐にその結果が来たのだ。

全身の気力が一時に抜け、立っている力さえなかったのである。隊長は一同を集めて、「今我々は勝つために戦ったのだ。しかし、無念敗戦は現実に決定した。我々はこの事実を率直に認めねばならぬ。今後降りかかる苦難は、言語に絶するであろう。だが、我々に与えられた唯一の生きる道は、ポツダム宣言を履行して、当然負わねばならぬ敗戦の義務を果たし、再生日本建設の食糧報国に、只今から切り替えねばならぬ。

海外領土の喪失による食糧問題は、帝国の死活を左右する重大性を帯びるは必然、敗戦による自己失調を一刻も早く蝉脱《せんだつ》して我々は、開拓農民として真の姿を把握し、建設意欲に満ちた積極的行動に出ねばならぬ。嵐は吹き過ぎた。毀《こわ》れた家は建て直さねばならぬ。一刻も早くこの原野を、我らの手で美しき田園に創成するのだ。これが我々の天与の使命であり、国家再建の道である。そこには花も実もある美しい生活が待っている筈だ。理想を高くして、さあやろう。共にやりましょう」と言った。いかなる苦難にも打ち勝って、一歩一歩と登る道がいかに険しくとも、激励する隊長の言葉に団員は奮い立った。

しかし、敗戦による国内事情は全く半身不随となり、食糧不足と物価高は予想外に生活の混乱を来たした。そしてこの大波は、やはり我々の頭上にも乱舞した。奮起の決意は打たるるばかりである。頑張れ頑張れ、皆不思議なくらい、心は一つにかたまった。協力一心ほど恐ろしいものはない。資材がない、何がない、ないないづくめで責任を回避する終戦後の虚脱状態の当局関係者を動かして、曲がりなりにも全隊員願望の住居建設に一筋の光明を得たのは、それから間もなくであった。だが我々の困窮は、一通りや二通りではない。病人は次々と出た。関係者はもちろん村の人たちは、新来者のかかる心の困窮をどうして知り得よう。我々は心中深く訴える相手が全くなかったのだ。新来者の悲しみである。「情勢は一変したのだ。君らのことばかりにかまっておられぬ」と、不誠意極る官僚的暴言を吐く当局者に、斯《か》く突き放なされたことも、二度や三度ではない。

「我々は何人のために裸にされたのだ。勝手に無一物になってやって来たのではないぞ。国家を信じ国策に応じ、同胞愛に生きんがために来たのだ」――東京を立つ時から苦難は百も承知の隊員ではあるが、囲繞《いじょう》する人々の余りの無理解から、斯る反動的言葉を吐く者さえあった。

なにほっとけばその内に皆逃げ出してしまうだろう。力を入れるだけ損だ、それより彼らの金のあるうちにしぼれるだけしぼれとばかり、法外の値段で食糧不足の足下につけこんだ。こうした考え方が例外者を除いて、多かれ少なかれ村人たちに底流していたばかりでなく、当局の中にもいた様だ。これは我々に対する総ての折衝に散見することが出来たのだ。

我々はこうした態度を受けるのを、悲しみもし、自噴したのである。

斯くして終戦のため一変せる社会情勢の最悪環境の只中で、粘りに粘った我々の総意は遂に達し、忘れもせぬ粛々と吹く秋風も肌寒く、変調の気温は瞬く星も霜を呼ぶかの如く、八月も終わる三〇日である。

切望の住宅建設の見通しがついて、一七戸の代表者が三浦部落会長の宅に参集し、会長の指導の下に二本の蝋燭《ろうそく》の、そのほの淡き光に照らされながら、希望に満ちた日焼けの頬を輝かしながら、更けて聞こえる潮騒《しおさい》をよそに既に入植確定の土地へ、二戸一棟、一戸一〇坪の割で住宅建設の具体的最終案を決定し、来月早々建設に取りかかることになったのだ。何という喜びであろう。

冷たい夜風に打たれながら、心地よい雰囲気に包まれつつ牛舎へ帰ったのは、夜の一時過ぎであった。苦難の牛舎生活はそれからまだ二カ月も続いたのである。それから建築資材の獲得に、近くの鉱山へ、桑園の製材所へ勤労奉仕に何日か通った。

大人たちのこうした経過を聞き伝えて、子どもたちも「ねーもうじき雨に濡れながら寝なくても済むんだネ」と、課せられた野菜園の虫を取りながら囁き合って、明日にも家が出来る様に喜んだ。子どもたちは急変せる環境を素直に受け入れて、蕨原野を飛び廻った。毎日軽川の方からやって来る牛追いの子とも仲良しになった。

牛舎の前を通る農家の馬車に、蝗虫《バッタ》のように飛び乗って軽川の学校へ行くことも覚えた。放牧のべー公にも馴れて牛を追う子どもらの喜々とした姿を、草の中で見受けるのもまたほほえましかった。近くの農家から兎を買って飼う子どもが増えて来た。農家の子どもたちと川へ行って魚をすくったり、海へ行って蟹《かに》を取ったり、それらの友だちの家へ遊びに行って、白いお握りをもらって喜んだり、こうして村の環境にぐんぐんと浸み込んだ。

村人は子どもたちに対しては、何かと親切にしてくれた。苦難の中にも子どもたちの純真さは、宝玉の様に輝いたのである。しかし、子どもたちにも苦難はあった。履物、雨具など持たぬ彼らは、雨降りには裸足で濡鼠《ぬれねずみ》になって、一里近い学校へ通った。食糧不足も共に堪えて来た子どもたちではあるが、これには親たちは休ませるほかどうすることも出来なかった。

その後決定した筈の建築案も、資材関係でまたまた暗礁へ乗り上げ、逆戻りの状態になったことも再三あったが、当時軽川に駐屯していた燕《つばめ》部隊の同情を得て、九月五日無理を押切って、住宅建設にとりかかった。

このことは我々の終生忘れられぬ感激の一事である。それは行き悩んでいた我々の実情を知って、既に役場当局へ下付されていた一部の資材を配付し、帰国すると言う専門家を、二日間我々のために帰国を伸ばして派遣してくれたことである。その他我々に対する厚意ある種々の措置は、実に旱天の慈雨であった。これは幹部隊員であった大杉氏の尽力、並びに隊長以下幹部の骨折りの結果でもあったことは無論である。

手稲山は緑から紅色に変って、蕨原野は毎日強風が吹いた。厚田、夕張方面の山々は藍色に澄み切った秋空を画し、白雲の彼方吹きなびく薄《すすき》の穂の上遠く連なっている。原野の東北を流れる新川へ釣りに行く人々や、浜へ買出しに、また所々の農家へ食糧の買出しに、思い思いの姿で牛舎の前を通る人たちが多くなった。時には彼らの所へこの買出し部隊が、何か分けてくださいと流れ込んで来るナンセンスすらあった。

九月の半ば頃、一人の大工も雇わず、切り込みから屋根葺きから何から何まで、満足な大工道具一つない全くの素人が、素手でかかった住宅建設は、資材不足に悩まされながら日一日と進んで行った。一棟、二棟、三棟、四棟と、すがれゆく蕨の中に建てられた。合掌小屋に道行く人たちは目を見張った。

晩秋の空に響く杭打つ音、釘打つ音、かんなの音、鋸の音、木屑の匂い、それらの中に立働く真剣な人々の姿は、涙ぐましいほどであった。杭を打つ、地盛りをする、柱を立てる、棟を上げる。貫を打つ、屋根を葺く、板を張り、床を張り、窓を、出入口をと段々に出来上がってくる建物に家族たちも喜び張り切った。

こうした努力にもかかわらず、総ては順調には行かなかった。屋根まで葺いたところを一夜の嵐に吹き倒され、また初めから建て直しせねばならなくなったのも、一棟や二棟ではなかった。嵐にゆがんだ建物を直すのもまた容易ではなかった。

しかし、皆頑張ったのだ。倒れた家は取り毀してまた建てた。一本の釘でも失わぬ様念入りに抜いてのばした。板も柱も痛めぬ様に、取り毀すにしても素人であるが故に苦心した。ゆがんだ家も、皆して直した。

一時は茫然としたこれらの出来事も、再び建てられた時には皆喜び合った。こんなことばかりでなく、当局からとうに入る筈の釘が入手出来ず、やるにもやれぬ幾日かを送ったり、また釘が来ても板が来ない等々、仕事は意外にも遅れたのであった。

それでもなんとかして雪が来る迄に移らねば、と悲壮な決心で霜の野に働いたのであった。女子どもはせっせと萱《かや》刈りに出掛けた。身体中に萱をくくり付けて、腰を折り頭を垂れて戻って来る女子どもは、真剣であった。

また、燃料問屋は来る寒さに切迫して来た。早くに入る筈の石炭はなかなか来なかった。ストーブもどうなるのやら見通しはつかない。しかし、燃料はどうしても獲得して置かねば、炊事も出来ないのだ。この解決に女子どもで幾日も泥炭堀りをした。来た時蒔いた蕎麦も刈って落した。女子どもといえども、一日とて休む間はなかったのだ。

こうして短い秋の日はぐんぐん経って、一〇月半ば頃から一棟、一棟と曲がりなりにも住まえる様に、出来上がって行ったのである。悪臭と暗黒と雨漏りから、次々と解放された団員の家族は、天井のない小さな小屋ではあるが、新しくて明るい我が家へ、面を輝かして移って行った。

毎日、食器、鍋釜、夜具、手廻り品、子どもの飼った兎まで、霜の道を踏んで運ぶ姿は、それから幾日も続いたのである。あの悪臭の原因は解けたよ。引越の時、牛舎の床板をはがしたら、牛の尿が腐ってあふれているんだ。あれじゃ臭うわけだ。我々の住んでいた下には、排尿道の溝があって、牛の尿があふれていたのだ。

こうして全部引き移るのに一一月いっぱいかかった。初雪は一〇月二五日に降ったのである。しかし、この天井のない合掌小屋に入った子どもたちは珍しがって喜んだ。新しい住居に移ってからも、家の手入れに忙しかった。窓を作ったり、炊事場をつくったり、井戸を掘ったり、納屋をつくったり、床下へ室穴を掘ったり、小屋の外廻りを萱で囲ったり、雪除けを作ったり、刈った萱も足りないほど、越冬への準備に忙殺されたのだ。

草を刈って推肥《たいひ》も作らねばならない。毎日降る霜は益々白くなるばかりである。相変わらずの食糧不足は、苦難の我々を益々暗くした。あの小屋であの人たちは冬を越す気か、と真実に心配してくれる町の人もあった。凍死か、餓死か、きっと犠牲者がこの冬は出るぞ。こうした声はところどころから我々の耳に入った。

食糧買出しが各戸共はげしくなって、経費はかかる一方である。それに目前に控えている冬籠りにも、着たままの我々には何の衣類もなく、その心細さは寒さと共につのった。家は出来ても建具は何一つ配給されなかった。ブローカーの世話で、硝子のない古い窓枠一枚買って、やっと室内の明かり取りの足しにしたり、事情を知っている部落会長の厚意で、温床硝子を分けてもらい、それに屋根に葺く単板を打ち付けて雨戸の代わりにした。

こうしている中でも荒地を起こして野菜やライ麦の蒔付をした。また、村人に頼んで来春の作付地（各戸四、五反平均）をプラオで起こしてもらったりした。買出食糧以外にも、こうした費用もなかなか出たのである。

雪が降ったり、消えたりしているうちに一一月に入ったが、この頃食糧の盗難事件が近在の農家に起こった。しかも、やり口が同一手口で、あっちこっちに被害があった。村では農民団のせいにした。そして、遂に警察の手入を受けた。手稲山の頂きは真白になって積雪も本格化した。


煙突の来ない内に石炭が配給になったが、あまりの僅少で正月頃にはどこの家でも皆焚きつくしてしまった。燃料の欠乏から其の日の炊事にことかく家も出て来た。食糧不足と燃料不足は、狂う吹雪の原野の酷寒を越すには、余りにも残酷であった。食糧問題、燃料問題については、その筋といろいろ折衝したが、何時も失望させる結果より得られなかった。

小さな子どもを大勢抱えた家では、欠配により一粒の食糧もなく、冷たいストーブのかたわらで失神した日を送ったことさえあったのだ。主人も主婦も血眼になって、食糧買出しに吹雪の原野を駆け廻った。凍死か餓死か、我々の頭上にはこの問題が常に乱舞したのだ。

皆真剣に我が家、我が家族を守るべく対策に腐心したが、良い方法も別に浮かばなかった。裸になっても食わねばならぬのだ。生きて行く、生きのびて行く、ただそれより何も頭に浮かばなかったのである。

配給された衣類を食糧に代えた。子どもたちはもちろん防寒具はなかった。吹雪の中を着たなりで、学校へ行った。あまり辛い日は学校を休ませた。

だがいかに腹が減っても、燃料がなくても、一銭の収入もない我々は、雪に埋もれた我家に安閑とした徒食生活は、許されなかった。鉄道の除雪に、近くの鉱山に、役場の命に応じて、東幌向の炭鉱へ勤報隊として出稼ぎに行った。素人の手で出来上がった隙間だらけの住居は、吹雪が舞込んで土間も寝間も真っ白になった。こうした中へ家族を残して馴れぬ稼ぎに出る主人の心は暗かった。ともかく帰るまで生きのびてくれ。心に願うのはこれより他なかった。

事実、出稼ぎに出た者より、吹雪の原野に雪と戦う残った家族の方がつらい思いをしたのだった。実に入植以来悲観のどん底にもがいたのは、この頃であったのだ。


こうした苦難の中に、我々の希望を全く失う如き極度の悲観説が一般化した。当初の意気は消し飛んだ。張りつめた心はぐったりしたのだ。議論百出した。そして動揺、焦躁した。

1、この泥炭地で何が出来るか。札樽間にはさまれた交通の便利なこの土地が、何で今日まで荒れたままになっているか。それだけの理由で立派に証明出来る。
2、有蓄農業云々、馬一頭牛一頭何千円、これではやりたくても出来ぬ。当局はなんら我々に対し積極的な立農方策を示してくれぬ。ただ入植地に投込んで、やれ有畜農業だ、科学的営農だ、文化農村の建設だ、食糧増産だ、農地改革だ、と叫んでいるが何一つ具体化されていないではないか。信じることの出来ぬ当局の無責任さ、まごまごしている内に我々は、みがき鰊の様にミイラになってしまう。実行出来ぬことはいわぬ方が良い。ただ我々の気持ちを乱すだけだ。
3、東京を出発した当時の入植条件は終戦と同時に一変し、お話にならぬ。状勢が変わっただけで簡単に約束を反故《ほご》にする当局は良いが、一切を打込んで入植した者にとっては、生死の問題だ。
4、村の人々、町の人々の泥炭地に対する悲観説、三年と持ちこたえられる人は二人か三人か、二万や三万の金を持って何が出来る。
5、何をするにも無手では出来ぬ。だが、現状は肥桶一つ手に入らぬではないか。いかに奔走しても嘆願しても、ないづくめでは何もやれぬ。

しかし、静かに考えればこれも運命か。いまさら我々はどこへ行かれよう。行くべき土地も家もない人間だ。ここで生きねば生きる道はないのだ。当局は一体真剣に帰農者のことを考えているのか。否この大きな開拓事業を真剣にやる熱意があるのか。机の上で書類を決済する様な気持ちで、我々を扱っている。その熱意不足に不満の声を漏らしつつも、ここを離れて行くべき所のない我々は、なるにまかせるより仕方なかったのだ。

敗戦日本の姿、これが現在の我々の姿なのだ。否、我々ばかりではない幾千万同胞の姿だ。そして、同胞は今我々がたどっているると同様の苦難と戦っているのだ。それを思え、それを思えと皆歯を食いしばった。

1、なに、泥炭地でもやり方次第で、立派な耕作地となるのだ。

2、馬や牛も何とかして、その内に手に入れよう。安くなる時もあるだろう。

3、出来ぬ、出来ぬでは牛一頭飼うことも出来ない。土地問題は当局と交渉する余地があるから、何とかしてもらおう。

4、ともかく我々はやるだけのことはやろう。その結果出来なければ、その時当局と再交渉するのだ。やりもしないで出来ぬ、出来ぬでは交渉も出来ぬ訳だ。

心細い考え方ではあったが、こんな風に思い直し嘆息の中に自ら心の暗さを取り戻すより仕方なかった。

新聞紙上にも、我々拓北農民団のことが盛んに出る様になった。いろいろな面から論議され批判された。しかし、論議や批判している間に、困窮せる我々の実生活は、ぐんぐん一日の停滞もなく過ぎて行った。

女たちは、大変な所へ来てしまったと嘆いた。まだ焼けても東京の方が良いと、東京を恋しがるものも出た。東京の親戚、知己からは心配していろいろな手紙が来た。

頼る所のない我々新来者にとって、果てしない物価高と北海道の凶作は、実に想像以上の生活苦を与えたのである。村の人も町の人も直接交渉を持つ当局も、同情はしてくれているが、実際我々の困窮の深さを知らなかった。従って、この困窮に何等の手も打ってくれなかったのだ。否、打とうともしてくれぬのであった。ただ当局の事務的な取計いを、我々は有難く受けねばならなかった。

このままで行ったなら立案当初の拓北計画が失敗に終わるのは、火を見るより明らかである。その責任と負担は、結局我々弱き者が負わねばならぬことになるのだ。何という残酷な結果であろう。思うだに悩みは深くなるばかりであった。

吹雪は我々の困窮に何のおかまいもなく、毎日吹き続いた。しかし、どんな吹雪でも、女たちは日限を定められた配給物を、生きて行くために身の危険をおかして、里近い軽川まで取りに行ったのである。

いたいけな子どもたちを、干乾しには出来ないではないか。子どもたちがない食糧をさいてまで飼った入植以来心をこめて育ててきた、大きくなった兎を脊に腹は変られず食糧にした時、子どもたちは涙をためて喉に通さなかった。食べぬなら殺さねばよかったと、親たちも涙を流したこともあったのだ。

正月も過ぎて節分も間もないある日、逐に悲しむべき犠牲者が出た。寒気と食糧不足による栄養失調から、堀中氏の厳父が斃れたのだ。空襲を受けて痛めた足が治らず不自由はしていたが、すこぶる健康であったことを知っている隊員一同は、その急逝《きゅうせい》を我が事の様に感じたのであった。

今年ほど吹雪く年も珍しい。村の人々も町の人々も、止む間ない日毎の吹雪に眉をひそめて、我々の安否を気付かった。雪に閉じ込められてからは、近くの村人たちとも否我々仲間の間でさえ、往来は稀になりお互いにどうしているかしら、と同じ思いに暮らしたのであった。こうして雪は地上の一切を埋め尽くした。

我々の家も窓と言わず、出入口といわず全く塞がれて家の中は真っ暗くなり、夜が明けたのも知らぬということが一度や二度ではなかった。そんな時は中から窓枠をはずして、スコップで雪に穴をあけてやっと明り取りを作ったり、這い出る位の出口を先ず作り外へ出てから除雪をして、生きながら埋もれるのを防いだのだった。

しかし、子どもたちは不思議と元気だった。天気の良い日は輝く積雪の上を手作りの橇《そり》で滑ったり、スキーを付けて雪にいどんだ。そして、雪だるまのようになって雪の上を喜々として滑ったのであった。そのたびに濡れた着替えのない衣服を干すのにストーブの廻りに裸になって、親たちに心配をかけた。

二月も過ぎて三月に入ったが、やはり吹く雪は積っていた。この調子で積った大雪が春になって融けるかしら。我々は春の蒔付のことが心配になった。五月頃までも融けず、蒔付時期を失ったらそれこそ大変だからである。

こうして雪に閉ざされた生活を続けている内に、さすがの雪も三月も終わって四月に入ると融け出した。皆は喜んだ。春、春、春が来たのだ。まだ大地は見えぬが、どこの家でも開放された喜びに包まれ、陽の恵みに感謝したのであった。出稼ぎに行った主人も皆元気で帰って来た。どこの家でも長い間不在であった主人を囲んで歓喜に包まれたのであった。越冬の苦しみはただ語り草となって、消し飛んだのである。

だが、融け出した雪水は、野に川にあふれて出水の警鐘に、またも皆を驚かした。幸い浸水した家もあったが、大事に至らずして水は引いた。驚きの色の消えぬ中に安堵の胸をなでおろし、よかったですネ、よかったですネ、と会う人ごとに心の底から喜びあったのである。春とはいえ手稲山は真白だった。夕張、厚田の山々も、綺麗に洗われた空に遠く雪肌を輝かしていた。

融け出した雪は、日一日と薄くなって四月も半ば過ぎ、待ちに待った大地が現れて来た。青い草が、雪の下に芽育んでいたのだ。大地の香りは、昇る水蒸気に馥郁《ふくいく》と薫った。雲雀《ひばり》は既に空に鳴いている。梟《ふくろう》の声が、かっこうの声が、野に林に静かな夜明けを告げている。名も知れぬ小鳥も、巣に残した雛鳥の餌を集めるのに忙しい頃となった。

冬籠りを終えたここの人々も、半年振りで町の風呂に出掛け、越冬の垢を落とした。そして、男も女も子どもも、一家総出で久し振りに振る鍬、鍬、去年出来たマメの手に握ったその鍬の柄は、はずむ心に踊った。

去年の秋、地元農業会の肝入りで村の長老から分けてもらった薯種は、埋めて置いた箇所から無事に我々の手で掘り出された。何の損傷もなく越年した見事な薯種を手にして、胸は張り切れるばかりであった。これがどれだけになるか楽しみだナァ。年輩者の人も顔をほころばして、楽しい夢に心をはずませた。

しかし、土壌は固く草の根は余りにも生々しい。叩く土はなかなか砕けなかった。それはかりではなく、春蒔きの種子は薯種以外何も手に入らなかった。こんなことがあってはと、今まで幾度となく当局へ交渉したが、やはりない袖は振れない結果になった。万一の場合の用意にと、各自思い思い秋以来食糧買出しに行った先々の農家に頼んで少しずつ分けてもらった南瓜《カボチャ》、唐黍《とうきび》、大豆、小豆、それに野菜、菜豆類等の種子一粒でも無駄にならぬ様、惜しんで蒔くことの出来たのがやっとのことであった。中には高い闇値でも、蒔付に支障があってはと遠方から取り寄せ、やっと間に合わせた人々もあった。

肥料は去年援農に行った明治牧場から馬糞、牛糞の推肥が少しと農業会から配給になった硫安がバケツに少しばかりあるだけ、我々はほとんど無肥料で蒔付したのだった。斯くして希望に燃えて野に出た鍬も、なかなかはかどらず春蒔物が一段落したのは、蕨も伸びた六月中旬で予想以上の労力と日数がかかった。馬を持っている大杉氏が二町近く蒔付したのは別として、かかる悪条件のもとで四、五段から一町近く各戸共手起こしで蒔付できたのは、全く努力のたまものであった。

この間小樽、札幌から毎日我々の原野へ蕨取りに来る人たちは千を数えた。だが、地元の我々は食糧不足に喘ぎながら、蕨一つ取る暇とてなかったのだ。それはかりでなく、食糧不足の悩みは一層はげしくなり、鍬振る力さえない日が続いた。労働力の減退に、鍬を投げ打って買出しに出掛けたのも、全く生きんがためであった。だが、欠配に続く欠配は、片手間の買出しも間にあわなかった。

所持金は食糧の闇買いに消費しつくし、たまたま配給になったかけがえのない衣料品まで、食料と交換するより道がない状態になった。


我々にとってここに断腸の思いの不祥事が起こった。それは同僚斉藤氏の急死である。斉藤氏は冬の鉄道除雪の過労がたたって、まだ雪も融けぬ四月頃、栄養失調から来た腸疾患が直らず、遂に五月に入って苦悶を訴える力さえなく斃れたのである。歳二一、神経痛に悩む母親と男まさりの姉と国民学校六年生の弟を残して、草木も伸びる春というに無念の最期を遂げたのであった。

不自由なお母さんを背負って、北海道まで来た入植当時の氏の元気な姿も思い浮かべて、一同涙を呑んだのだった。村の人々の同情は氏の一家に集った。春の蒔付も同僚や村人の手によって支障なく終えた。

原野の蕨に春の陽は暖かくそそいで、歩く足元に陽炎が燃えた。子どもたちは毎日胸を張り、足を伸して元気に飛び廻った。小鳥は草むらから草むらへ、生を喜べるが如く飛びうつり雲雀は空に日もすがら囀《さえず》って、春の日永さも足らぬ気だ。

放牧の牛は牛追いにたたかれながら、のたりのたりと草を噛みつつ群れ、親馬が引く馬車を追って走る小馬も肥えて来た。昨秋まだ値の安い頃馬を買った大杉、四藤氏は既に馬の操作も身について、何かと我々の便宜を計ってくれた。手稲山はすっかり雪を落として、本来の美しい緑の肌を現わし、鍬振る手を休める眺めは充分疲労を癒すに役立った。

春鰊《にしん》の群来にも、近くに浜を控えながら思うように買出しに出られなかった。鰊も我々の口には入らぬのかとさえ思っていたが、幸いある人の世話で一馬車入った。鰊を皆して分け合い、人並に鰊の美味しさを味わうことが出来たのは、せめてものしあわせであった。

収入のない我々には、底知れぬ物価の騰貴にいよいよ生活苦はつのった。配給の食糧さえ思う様に買うことが出来ぬ家も出来てきた。春蒔きが一段落すると、皆何とか稼いで金を得なければと焦った。男たちは泥炭掘りに行った。女、子どもは野苺や蕨を取って、札幌に売りに出た。美しく咲いた野の草も採集して、生活の糧にした。

こうして我々は記念すべき七月九日、入植一周年を迎えたのである。

当日は村当局の主催の下に道庁、各関係者、村の名士、部落の長老など来賓を迎えて、記念式が盛会に催された。我らの部落会長は、涙を流して感謝の辞を延べ、苦悶しつつある我々の将来のために、一層の力添えを列席の人々に求めてくれた。

今年はまだよい。あの痩地で来年再び無肥料で蒔付したなら、絶対に作物は出来ぬと痛論し、我々の安否を心から心配してくださったのである。朱を注ぐ部落会長の面を見詰めて、我々は胸を打たれたのだ。
また中村隊長は来席のこれらの人々に、不断の援護と厚情を謝しつつ、苦難であったこの一年を回顧していろいろ語ったが、その言葉は悲壮であった。特に斉藤氏の急逝に至って、その声すら出なかった。我々は万感胸に迫って、うなだれ眼をうるませたのであった。

多忙の春は短かった。いつの間にやら蕨原野はむっとする緑の匂いに、強い太陽の光がさんさんと輝く様になった。蒔付当時、野鼠や鴉の被害に豆や唐黍など蒔直した家も二、三あったが、天候の順調さに薯の芽、南瓜の伸出しもよく、我々は初めて味わういい様のない自然の喜びに浸ったのであった。

一周年記念式当日、来賓の人々が見聞せられた我々の畑は外見見事であった。これなら大丈夫と安堵の色を浮かべたのは、あながち村、道、支庁、農業会の人々ばかりではなかった。

我々はここで全く一息ついたのであったのだ。しかしながら、七月末から八月いっぱい続いた日照りに、好調の稲田と反比例に、肥料気のない我々の畑作物は次々と痛められた。南瓜は手毬ほどでとまり、薯の葉は焼けて赤くなった。野菜、豆類は一層惨憺たるものであった。そして、赤く枯れたこれらの作物を早くも諦め、急ぎ蕎麦に蒔き変えた人たちもあった。

盆踊りは各地で盛んに催され、老いも若きも村々は豊年を謳歌している時、予定の半分収穫があればと我々は自認せざるを得ない状態になった。南瓜が予定通りいったなら、唐黍が今すこし穫れたなら、生活の足しに少しは換金も出来たものを、今日では自家用食糧の足しにも、おぼつかない結果になった。

かかる時、政府の増配予告は、確かに我々に安堵感を与えた。幾分でも食糧を得た今日、今までの苦労を再び繰返す様なことはあるまいという不安の中にも、胸の軽くなる思いがあったのだ。

吹く秋風は実にすがすがしく七月に蒔いた蕎麦の花は、鮮かな白一色にゆれている。今我々は本年最期の蒔付であるライ麦の畑作りに、生い茂った蕨を打ちつつ鍬を振っているのだ。さらさらと鳴る草の葉づれ輝く秋日を浴びて、毎日土に働く我々の姿は、自ら尊きものであることを自覚しつつ振る鍬は軽い。

どこからともなく出て来た赤とんぼの群れが、野を丘を畑を埋めて飛び狂っている。鍬を振る手に肩に頭に乱舞する赤とんぼの群れは、自然の風景の中に解け込んで実に美しい。しばし生活苦を忘れて遥か彼方に見える厚田、夕張の山脈を眺め憩の手を休めるのも楽しい思いであった。馬のいななきが唐黍畑、蕎麦畑、薯畑を越して聞えてくる。

軽川へ出る馬車がポプラ並木の遥か彼方にゆれながら行くのが見える。入植一年顧みれば、よく生きて来た、に尽きるのである。だが、今後の我々はどうなる。次の如き問題が山積して、我々の行く手をはばんでいるのだ。

1、自力で農業一途に直入するには、生きて行くための経済事情が余りにも逼迫し過ぎている。何とかして生活してゆける方法を、早急に講じねばやって行けぬ。当局は全くこの点傍観者だ。否、何ら関心を持っていないかに見受けられる。ただ辛抱してやれ、やれ、だけではいかに意欲があってもやれるものではない。もっともっと入植者の実情を把握し、その身になって万全の措置を適確に講じてもらいたいのだ。熱意があれば方法は幾らでもある筈だ。

2、有畜農業の理論は皆知っている。ただ我々は馬を、牛を一日も早く手に入れたいのだ。理論だけでは畑は出来ぬ。入植以来の営農方針は既に定まっている。その線に一刻も早く我々を導入させてほしいのだ。

3、土地の割り当てが余りにも少ない。二町や三町で馬が飼えるか。牛を育てることが出来ると思っているのか。これではどんなに希望を持っても、有畜農業は成立しない。一刻も早くもっと土地を与えてほしいのだ。

4、肥料問題も現状では自家用作物の時付さえ困難だ。牛馬を持たぬ我々に肥料の適切配給を望む。

5、畑作農家には、優先的に米を与えてほしい。

6、電燈がほしい。電力がほしい。農村電化問題は高能率の農業を営む上に絶対に必要だ。太陽が沈めば何も出来ない現状では、雑務的な時間を大切な日中に取られ、どんなに増産を阻害するか甚大なものがある。

7、営農資金の問題、資金問題は我々の死活問題である。ぐずぐずしていると汗と努力の今日までの結晶がゼロになるのだ。

8、農機具の適切配給を切望する、一例としてほしい草刈り鎌の配給がなくて、唐鍬ばかり有り余るほど配給されたのでは困るのだ。

9、衛生問題、文化問題はとかく議論されるばかりで、何ら手も打たれていない。薬品なども農家の必要なものを、選んで特配してほしい。

10、我々と起居を共にする専門の指導者を、各地の入植地に入れてはどうだ。まだ、数え上げればいくらでもある。

我らが入植して今日までの経験ではあるが、入植地に対する耕作についても、またいろいろの問題が残った。

泥炭地についても一口に泥炭地というが、その浅い所、深い所、泥炭の質、焼けた所など作物に対する土質の相違、肥料問題を別にしても作物に影響するところ甚大なものである。今後不断の研究を必要とすることは、論ずるまでもない。

例えば同じ泥炭地でも第一班（軽川に近い方）、第二班（奥地の方）とでは大変な相違がある。第一班の入植した土地は、泥炭が深く湿りが多く軟らかでもろい、従って燃料には不向きであるが、耕作はしやすく風土化が早い様に思われる。今年の様に旱天《かんてん》が続いた場合、湿度が多いから作物の影響が少なくて済む。

第二班は、泥炭は一班よりも浅いがよく乾燥し、雨が降っても上だけ濡れて中へ通らぬ。従って質は堅く燃料としては良いが、旱天が続いた場合は作物は全く致命的の影響を受ける。その例として、南瓜の成果が第一班はどこも非常によかったが、第二班で泥炭地へ作付した家は、惨憺たる結果になった。もちろん、肥料を入れての結果である。

これを解決する方法は、やはり推肥を入れて早く泥炭を腐らせることである。

つまり、泥炭を肥料化し土壌化することである。これはなかなか年数のかかる問題だが、一年遅れればそれだけ改良が遅れ、増産も遅れるのだ。我々に馬がいたなら、牛がいたならとそう思わざる日は一日とてない日を暮らしている現実も全くこのためである。

泥炭は雪にもろい、雪にあった泥炭は黒くなってぼろぼろに崩れる。泥炭を早く腐らせるのに雪を利用する方法もあるのではないか。この問題は化学的に大いに研究する価値があると思う。

一番悪いのは泥炭の焼けた跡である。草の下は灰で灰の下に泥炭がある。その下が砂となっているが、炭ばかりで泥炭のないところもある。一寸考えると炭は良さそうだが、炭の中の肥料分は、年月の経過と共に全部抜けてしまっているのだ。薯を植えた結果成績が一番悪かった。

いかに土地が痩せているかがよく分かる。第二班の方は泥炭のない砂地の所が相当あるが、ここが一番作物は良く出来た。昨年秋蒔いたライ麦が無肥料で相当の成績を得たのも、砂地であったからだ。

我々は部落の古老から、現在一番良い砂地が将来一番悪くなり、悪い悪いといわれる泥炭地が非常によい畑になることを教えられた。それは永年の推肥の力がそうした変化を土地に与えるのだそうだ。

推肥の解決は牛馬を飼うことである。まず我らに牛馬を与えよ。この声は泥炭地開拓民の願望の声なのだ。今年は無肥料でも作物は出来た。二年目に果たして今年だけの作物が得られるだろうか。三年目はますます土地が痩せて、何も出来ないという惨めな結果にならねばよいが。

一周年記念式の席上、三浦部落会長は将来を心配して、道庁、支庁村当局、農業会の関係者に対し、この点一層の善処を懇願してくださった。我らは部落会長の言葉に、心から感謝したのであった。

再び三度いう、牛馬を与えよ。小牛、小馬でよい。どちらか一頭でも良いのだ。四年目には現物か金で必ず返す。土地改良の問題も、結局牛馬に頼らねばならない。我々の入植地なのだ。国家の再建のために、新日本建設のために、一刻も早く、我らが希望を失わぬ前に。

山の端に浮かぶ白雲の下に点々と散在する防風林に囲まれた農家のサイロを遠く眺めながら、すがすがしい秋の大気に触れつつ、一刻の憩の間想いは遠く走るのみである。

拓土にいどみつつ

野は空へ空へとつづきぎす鳴けり
尾花ゆくうしろより風がついてくる
ズリ山の錆《さび》が突き出て秋の風
裸女は魚か海より来たり月さんさん

笛高くかざせる裸女は月に向き
月さんさん水のこぼるゝごとく降る
何にも語らず吹雪く夜妻と寝につく
屠らんとす豚ちゅうちょなく雪に出し
一撃の豚のころりと凍てしごと

豚の血をごくりごくりと雪が呑む
猫柳《ねこやなぎ》子らのいさかい穢れなし
星凍てる夜の一塊は馬なりし
幾千の坑夫を腹に吹雪く山

春光をホルスタインと棲む浄ら

失明すと妹よりのたより春霖《しゅんりん》に
死の不安児の息づきに春灯覆う
春の汽車牛の鼻づら曲りゆく
検證の跡のたんぽぽ倒れ咲く
映画了り春灯ほのと疲れ解く

夏蝶の狂ひ真昼のポプラ攀《よ》ず
雲の峯へ汽車ちぎられて発ちにけり
雷雲になよなよと蝶盲なり
薬局の椅子は仔猫に塞かれし
雨乞の農夫手拭地にたらし

陽は露に入賞牛の角みがく
蟲籠《むし》に山山まろく肩組めり
明眸《めいぼう》禍《か》りんごみのれど言葉なし

明眸禍ひとり妊《みごも》り秋を知る
明眸禍くまなき月に母となる

明眸禍秋雲流れ日は流れ
啖《たん》からむ児の呼吸《いき》凍てと争へる
錯覚の街が凍灯と河にあり
木枯に乾ける妻の髪赤し
いつまでも林檎《りんご》はなさず離乳の子

凍てし夜具妻の乳房をかい抱き
銀猫の二重あごして寒に入る
変死の妹の走り書読む野の霙《みぞれ》
暗黒はいやとの遺書が凍てにあり
生くる身のささえきれじと凍てに書き

雪降れり妹の横たう車浄め
白き皿に妹へのりんご磨く凍て

冬苺買える指輪のおごり見し
炉に立てしばれ手袋煙り吐く
吹雪突くオーバーのボタン一つなし

灯に佇《た》てば髪の初雪黄金となる
今日も陽を飛雪は舐り舐り燃ゆ
吹雪来し腕の時計は秒打たず
元日の雪灯り路次喪を出しぬ
蜜柑《みかん》風呂妻の肌承《う》け児の育つ

目刺焼く荒き言葉を投げ合いつ
氷上祭大鼓に月の光げたたく
氷上祭月がこぼせる雪匂う
カーニバル地球が月を連れ歩く
吹雪やむ日溜りに居て身を溶かす
宿痾《しゅくあ》なき身にして細し寒の風呂

くしゃみ一つ螺旋《らせん》階段の脚下より
啄木のごとく母負い雪代を
辛夷《こぶし》咲く選挙の村は二つに割れ
クラークの魂匂う街アカシヤの街

蝶の戯嬉《ぎき》総司令機へのぼりゆく
菖蒲《しょうぶ》湯に吾子の小腕の注射腫れ
黄たんぽぽ妻との過去が匂いくる
新牛舎に新牧草のかほり満つ
夏雲へ培土のうねをのばしおり

天地へ坑しえぬ農夫蚊を叩く
赤とんぼ幾万無臭無音にゆく
赤とんぼ子等は一列湾に向く
もの足りし秋となりしに母病める
虹の弧へ向かう肥馬車合圖《あいず》の手

秋の蠅《はえ》一とまわりして掌に来たり
菊白しあまりに白し母病める
牛乳うまし冷ゆる採血後の横臥
麦蒔くや農夫湖底となる土に
冬枯やバス絶壁の根に生る

初日出づ山の雪肌犯すはだれ
冬の蠅くべれば小さき焔《ほ》となれり
寒雀きびしきことは子に言わじ
吾が家の灯くり抜く雪の底にあり
馬草切るいつも雪嶺に向いつつ

夢の子ががばと余寒の夜具に座し
五羽が五羽たまご産みだす蕗の苔
切れ風船おどりおどりてデモより離る
龍巻一過羊群もとのごと虹に
猛りいる牡牛とりまく黄たんぽぽ

虹に喊声《かんせい》子等の弾力ころげいる
炎ゆる霧乳したたらし帰る牛
蜻蛉《かげろう》光り唐竿光り振る母子
授精する牛の鼻先とんぼとぶ
霜の朝凛と鶏の目かち合えり

きび焼の母子が傘の軸擁し
風に鳴れる白樺の凍《い》て女医急ぐ
スト解かれ一番方はスキー穿《は》く
ひび薬匂わせて妻飯盛れり
日本海に月追ひ落し 橇《かんじき》帰る

入港船を氷柱はなさずはさみおり
眼下の坂光り蝶々ころげゆく
バス止めて運転手 朧《おぼろ》のぞきおり
草萠に子の指の血を吸うてやる
農多忙仔猫踊るにまかせたり

おろすことやめて金魚の藻をみつむ
山女魚《やまめ》釣り流るる雲に義足さし
離陸の機香水席のうしろより
赤蜻蛉カルフォルニヤの景となる
書留の誤配とどけし手に野菊

秋鏡愕然とおのが相うたがう
蜘蛛《くも》の巣に寒夜の顔を突きさしぬ
雪来たりおのが履歴書ポストの中
遠き雷手にするバラのとげにあう
いくさのこと死産のこと寡婦に木枯吹く

雪虫や入賞牛を子に曳かせ
田作りの手が太箸を白くもつ
硝子一枚割って薪割りおわりとし
全山木華一とすじ青く母の茶毘《だび》

【本名・田中美之助　俳号は草門。一九四六年記、一九七三年小冊子として刊行。なお、二〇一五年自費出版の田中篤之助『白雲を眺めて』には「第一部白雲を眺めて」田中美之助、「第二部開拓者の日記」田中美之助、「第三部拓北農兵隊物語」田中篤之助、「第四部田中家のルーツ」が収録されている】

わらぐつ

2　戦後北海道の開拓

士別町下士別入植　友田　多喜雄

※戦災者北海道集団帰農

一九四五年七月一三日、戦災者北海道集団帰農に応募した二〇〇世帯約一〇〇〇名の第三次拓北農兵隊が上野駅から北海道へ向った。敗戦一カ月前のことである。

この日は午前中雨が降っていた。中野駅前打越町の知人宅から、宮前町の宝仙寺まで私は雨の中をその日の午後の出発が予定通り行われるかどうかを確かめに行った。当時、区役所は宝仙寺境内におかれていたのである。毎夜のように米軍機による空襲があった。その度に家が焼かれ鉄道が破壊され、通信・交通網が麻痺状態寸前にあったから、出発の朝、私は区役所へ可否を確かめに行ったのである。

上野駅近くの下谷桜丘国民学校（当時）が集合場所だった。私たちが着いたときには、もうかなり大勢の人たちが校庭に集っていた。私と母と姉とは、士別隊と書いた旗のそばにいるひと群れの中に入り、やがて列をつくって並んだが一人も知った顔はなかった。

結団式と壮行会が始まって、東京都長官、警視総監、戦災者開拓協会長といった人々が訓示や送行の辞を述べたが、そのどれにも「皆さんを北海道の広大な沃野《よくや》は待っている」とか「今日から諸君は聖戦完遂、本土決戦に不可欠な食糧戦士として直接戦列に加わる」といったような言葉がつらなった。北海道庁から来た人の祝辞と激励の言葉もあった。そして、開拓戦士を送る慰問の演芸、井口静波の漫談、歌手音丸・徳山環の歌、それに腹話術などが演じられた。「拓北農兵隊を送る歌」が勝承夫作詩・服部正作曲でつくられていて、音丸と徳山によって披露され歌唱指導され、アコーデオンの伴奏で歌われる、その歌に送られて私たちは上野駅に向ったのである。

北の朝空　希望に明けて
ゆくよわれ等の開拓戦士
拓く沃土に新生活の
君に幸あれ　栄あれ

「新緑の開拓地は招く」「戦災者にひらく北の穀倉」と新聞は連日書き立てて東京の戦災者による北海道集団帰農を募集していた。この朝の新聞にも「北海道集団帰農者に暖かい援護」として戦災者一世帯一〇〇円の仕度金と定住後経済的援助必要なる者には二〇〇円までの援護費を差上げますという開拓協会と戦災者援護協会の広告がのり、「拓北農兵隊再起の新天地」写真入りの記事で七月六日に出発した第一次帰農者の一団が北海道の現地へ着いて歓迎されている旨が報じられていた。

私たちはリュックサックにつめたわずかばかりのものを背負い、風呂敷包みや鍋釜をもち、鉄兜や防空頭布をかむり「戦災屯田兵臨時列車」に乗りこんだ。主婦のほとんどは下駄ばき、男はズック靴、中に地下足袋脚絆姿の人がいたが、とてもたのもしそうにみえた。職人風の彼が何とはなしに士別隊の隊長に選ばれていた。

上野駅にたくさんの見送人が来ていた。列車が動き出したとき、そこここにハンカチを眼に当てる人がいたが、私の叔母もわっと泣いた。ともに五月二五日の大空襲で家を焼かれ、叔母たちは壕舎住まい、一〇人近くいる母の弟妹である叔父、叔母、私たちの親戚は誰もが日光より北の方へは旅したこともないのだが、北海道へ私たち親子三人は開拓に行くのだった。母四二歳、姉一七歳、私は中学二年生で数え年一五歳である。

青森に列車が着いたのは、上野を発った翌々日の一五日午後だった。途中、宮城県小牛田《こごた》駅で長い停車をし、そこからは山間部にさしかかる度に長い停車を繰り返したのである。北海道で室蘭市が艦砲射撃をうけ、青森と函館で青函連絡船が空爆をうけていたためだ。青森へ着くとすぐ駅近くの小学校へ避難したが、街の中を担架で運ばれる人があって、それは空襲と潜水艦の攻撃で沈められた連絡船から救助された人たちということだった。

私たちの少し前に東京を発った第二次の北海道集団帰農者らしく、荷物は全部船といっしょに失ったようである。私たちが学校へ入るとすぐ、米軍機の機銃掃射が体育館の窓ガラスをふるわせた。連絡船は全滅し、その日から一週間青森に止められたが、畳一枚に六人が起居する状況だった。帰農者たちは始めて互いの出身や経歴を知り合い、名を知り合った。ほとんどの人々が戦災者であったが、なかには戦災をうけていない人やその家族もいた。

青森の街には、鋸《のこぎり》屋がこれまで見たこともないような大きな鋸を店に並べていた。空襲が終わるとしょうことなしに街へ出た帰農者たちは、開拓地に入ったら原始林を伐り拓くのに必要だからと、いいあって争うように鋸を買い求めた。港に行ってみると、漁師が獲れたばかりのイカをびっくりするほど安い値段で売ってくれたし、また臨時宿舎の小学校へ大量に差し入れしてくれた。輸送手段が潰滅的状態であったためかもしれないが、しかし帰農者たちには青森の人々の親切は長い間忘れることの出来ないものとなった。また、街の食堂ではリンゴ酒が自由に売られていた。大人たちはそれを飲みあった。

七月二一日、青森栈橋に「帝国海軍」の海防艦が帰農者を北海道へ運ぶためにきた。婦人子どもは船室と船底に、男は甲板に立って津軽海峡を渡った。函館で臨時列車に乗ると、赤飯の折詰めが全員に配られ、皆は口々にさすがは北海道だなどといいあったが、新聞があれほど書きたてた北海道庁と戦災者援護協会の暖かい援護の手と歓迎は、この赤飯が最後のものであった。

七月二二日、旭川を過ぎる頃から北上する列車が停車するたび、帰農者の一団がぞろぞろと下りた。士別という小さな駅に二二世帯八〇数名の家族が下車したが、それが拓北農兵隊士別隊であり、私たち母と姉との三人もその中にいた。役場前の公会堂に入ると報国婦人会の炊き出しで握り飯が用意され、板の間のゴザの上に私たちは座った。

しばらくするとそこへ一人の男がやって来て、帰農者受入地の実状が伝えられた。土地も家もこにはないというのである。道庁からきたのは帰農者割当ての書類だけで、用意された開拓地や墾やされた土地はない、農具も種子もきてない、と彼はいうのだった。「そんな筈はない」と彼を取り囲む人たちに対して、「しかし土地は、拓殖銀行が農家から差押えて荒地となったものならば幾らでもある。それを自分たちであたって小作するなり買うなりして開墾するつもりならばいいだろう。ただしそういう土地は何代も百姓が夜逃げして捨てていったり、暮らせなかった土地だ」と、彼はいった。後に私たちの指導員になる馬車追い組合のYの言葉に帰農者たちは耳を疑った。

問もなく、町長と警察署長が農業会副会長と連れ立って現れた。受入れの挨拶と訓示をしたが、昼間から酒を飲んで赤い顔の町長と警察署長は、「東京からこの士別へやってきて、この土地にヤミをはびこらすようなことは厳につつしんで貰いたい、違反者は断乎取り締る」旨を強調し、町長はひとまず寺や集会所に分宿させるとだけつけ加えた。彼は農業会長を兼職していた。農業会副会長のM氏だけが「戦災にくじけず開拓を志ざした皆さんを歓迎する」と述べた。戦後北海道で農民運動諸団体統一が行われたとき初代委員長になり、後にこの町に市制が施かれたとき初代市長に彼は選ばれる。

私たちは街はずれの寺二カ所と、街から数キロ離れた中士別部落とに分宿を命じられ、士別に一〇世帯、中士別に一二世帯と別れることになった。皆は失意と憤りでいっぱいになりながら、ぞろぞろ分宿先の寺まで列をつくって歩いてゆき、中士別へ行く一団は木材運搬の軽便鉄道のマッチ箱のような客車に乗った。士別の街の人たちにとって、その帰農者の列は異様な敗残者の一群にみえたという。彼らには戦争というものがもたらす姿を初めて間近にみることを、それは意味したと、誰彼からとなく後から聞かされた。

「戦災者にひらく北の穀倉」「新緑の開墾地は招く」「住宅の用意あり」「農具及種子は無償給与す」と、戦災者を募った謡い文句は何ひとつこの地になく、配給されたのはペラペラの薄い鉄板を、鋸型にきざんだに過ぎぬ鋸一丁と、荒地開墾には不適な土方鍬とか側切《のりき》り鍬と土地の人に呼ばれる、溝掘りや道路の路面削りや側面削りに用いる鍬二丁、すぐ大事な部分が裂けてしまったスコップ一丁にすぎなかった。せっかく青森で意気込んで買い求めた大鋸など使いたくも木はなく土地はなかったのである。

私たち一家は街はずれの東山部落にある本明寺に分宿する班に加わった。元ポンプ屋で機械工のK一家六人、小樽出身で元教員・会社員のS一家六人、福井県生れの大工のK一家五人、京橋の鉄問屋の息子であるH一家四人が仲間だった。

もう七月の下旬だったが、いまからでもソバならとれようからと部落会長は、自分の持山の植林後数年の落葉松畑にソバ播きを奨め、自ら馬にプラオを曳かせて落葉松の列の間を墾し、私たちは総出で草を刈り、墾された土地に種子を播いた。

部落の中には、会長は落葉松をおがらそうとして（生育よくするためだ）、下草刈りがわりに帰農者を使ったのだとカゲ口する者もいたが、会長のSは馬鈴薯澱粉を二番粉だがといいながらとどけて、私たちの食事の心配をしてくれたりした。野菜をとどけてくれる農婦もいた。


入植する土地の目当ては皆目つかなかった。私たちは部落の人に頼まれて牧草刈りや除草などに出た。部落の労働力は男が兵隊にとられて全く不足し枯渇していた。農学校や中学校の学生が長期援農できていたが、東山部落にわずかに二人に過ぎなかった。帰農者のほとんど全部が農事に未経験のため仕事ははかどらず、しばらくすると頼みにくる人はすくなくなり、やがて敗戦を迎えた。

八月一五日の夜、おそくまで私たちは眠ることが出来なかった。暗い中でSが「だまされたのだ、こんなところにまで、だまされて連れて来られたんだ。帰して貰おうじゃないか」と叫んだが誰も何も答えず、押し黙ったままだった。帰るにも帰れない状態であることを、その頃にはもう誰もが知っていたのである。どうなるのだろうかという不安と、我々は棄てられたのだ。政府は東京での戦災者難民化を防止するため、美辞麗句でつって連れて来たということを、知らないわけにはいかなかったのである。

❋〝花咲く開墾地〟へ

東京の戦災者を集団帰農募集で北海道へ送りこむことが政府の方針として閣議決定されたのは、五月二五日の東京大空襲前後の時期である。一九四五年三月、硫黄島玉砕のあと、政府は同月三〇日「都市疎開者の就農に関する緊急措置要綱」を閣議決定した。三月一〇日にB29、一三〇機による東京大空襲があり、四月、米軍は沖縄に上陸、五月に入ると東京は連日空襲をうけ二五日大空襲があった。この直後「北海道疎開者戦力化実施要綱」を政府は決定し実施しようとする。この動きを当時の新聞紙上に追えば次の通りである。

六月三日、「戦災者の新しき村建設」の記事。北海道関係名士七〇名が発起人となり千石興太郎（当時の全国農業会長）を準備委員長、藤山俊一郎副委員長で北海道開拓協会を八日に設立発会式を行い、帰農を斡旋、五万戸二五万人を募集する（最初の提案者は黒澤西蔵代議士＝当時、後に雪印会長、北海道開発審議会長＝といわれ、現在も寒地農業開発法推進で二三〇万町歩の可耕地が北海道にあると開発の音頭をとっている）。つづいて六月八日、「戦災者にひらく北の穀倉」の記事。

「米機爆撃の犠牲になった戦災者を中心に一般疎開者の生活を安定させ、これを巨きく戦力化するため、内務省では去る三月三〇日の閣議決定になる『都市疎開者の集団帰農措置要綱』の一環として今回『北海道疎開者戦力化実施要綱』と決定し直ちに実施することになった。〝北の穀倉〟北海道には今なお五〇余万町歩の未利用地がある。この広漠たる耕野に戦災者の憤りを爆発させ敵撃滅に邁進せしめんとするもので、戦災者・疎開者にとっては大切な食糧増産による直接戦列参加を意味するもので大きな成果を期待されている。まず帰農者五万戸二〇万人送出す。

選出。戦災者・疎開者（すでに地方に転出したものも含む）にして北海道の拓殖農業に積極的に挺身し戦力増強に貢献せんとする真摯なる熱意を有し、左の条件を具えたる者を対象とする。（イ）年齢一五歳以上六〇歳未満の男子を中心とする一家族なること。（ロ）年齢一五歳以上六〇歳未満の男子は単独者にても差支えなきこと。

送出方法。（イ）送出に関しては内務省、防空総本部、農商省、厚生省、運輸省、北海道庁、戦災者援護協会等で協力実施する。（ロ）送出に関しては送出都府県及北海道庁は募集・送出等の具体的計画を樹立し之を実施する。

受入。（イ）入植者に対しては一戸当り既耕地一町歩の土地を貸与耕作させる。（ロ）この入植者にして北海道農業経営を体得するに至ったとき（約一カ年後）は独立農家たらしむるため一戸当り未開墾地又は不作付地一〇町歩乃至一五町歩を無償付与する。その他農機具及家畜等営農準備措置を講ずる。（ハ）貸与すべき土地は市町村または農業会に於てこれを借入し提供することとし、営農資金及地代等に対しては助成の方途を講ずるものとす。また未開墾地を開拓する場合は、開墾助成の途を講ずるものとす。（ニ）北海道に於ける農耕作業の関係上成るべく早期に入地せしめるものとし、遅くも夏期に受入を完了するものとす。

輸送。入植者並にその荷物の輸送に付いては集団的に優先してこれを行うものとす。

受入就業に要する物資資材。受入就業につき最小限必要とする物資、資材に付ては極力北海道内保存のものを以て充当すべきも北海道内の特殊事情を考慮して受入計画の遂行を円滑ならしむるため中央においても可能な限り供給の措置を講ずる。

なお、入植については農業に未経験な者が大部分なので指導的農家のもとに集団的に入植せしめるほか、個別的に農家に配置される筈で肝腎な住居、農機具などについても万全の処置を講ずることになっている。希望者は区役所、警察署、勤労動員署、戦災援護会等に申込めばよい。」

六月一一日。「農業第一課　戦災集団疎開者」の記事、写真入りで無縁故集団疎開で山形県飽海郡高瀬村に帰農した五二世帯二一〇余人を報じている。六月一六日から、先の実施要綱にもとづく北海道集団帰農者募集の広告が始まる。全文を記せば次の通りである。

北海道集団帰農者募集

北海道に集団疎開し食糧増産に挺身せんとする者を急募す

1　応募資格　真摯なる熱意を有し農耕に耐え得る一五歳以上六〇歳未満の男子一人以上を含む家族及単身男子

2　特典（イ）移住地までの鉄道乗車賃及家族の輸送は無賃　（ロ）住宅の用意あり　（ハ）一戸当り不取敢《とりあえず》一町歩の農地を無償貸与し将来は一〇町歩（水田適地は五町歩）乃至一五町歩の土地を無償貸与又は付与す　（ニ）農具及種子を無償給与す　（ホ）移住後の主食品の配給を確

保す（ヘ）生活困難なる者に対しては生活費一人に付月三〇円以内を六カ月補助す
3　申込場所　居住地の区役所地方事務所　警察署　国民勤労動員署
4　詳細なる相談案内は左記に於て之を為す　戦災者北海道開拓協会（丸ビル二階二六二区）戦災者移動相談所　北海道庁東京事務所（内務省内三階）
東京都　警視庁　北海道庁　戦災者北海道開拓協会

募集広告は一八、二三、三〇、七月三、七、九、一一、一二、一五、一六日と掲載され、六月二三日には拓北農兵隊を送る歌募集広告も出はじめる。

六月二〇日、「屯田魂で　戦災者よ特攻隊に続け」北海道地方総監熊谷憲一の談話。

六月二三日、「北の穀倉へ進発」、来月六日戦災帰農第一陣二四九世帯一一三九人が出発、の記事。

六月三〇日、「応徴士も行ける」徴用をうけた軍需工場工員も希望者は集団帰農に加われるの記事と、「七月中に六〇〇戸出発」先に決定した第一陣空知・石狩二四八世帯にひきつづき第二次十勝管内（豊頃五〇、川西四〇、大正三〇、芽室四〇、大樹四〇、計二〇〇世帯）、第三次上川（比布二五、美深三〇、風連三〇、名寄三五、多寄二〇、士別三〇、他計二〇〇世帯）、第四次空知（月形二〇、長沼四〇、幌向三〇、北村三〇、多度志三〇、美唄五〇、計二〇〇世帯）の三支庁管内十数町村へ六〇〇戸が出発の記事。

七月三日、「農具、種子は無償配布。北海道への集団帰農者には必要な種子と鍬鎌等は無償で配布されます。渡道の際には暖房煙突の資材として焼け残りのトタン、鉄板等を御持参になることを希望します」戦災者北海道開拓協会名の広告が掲載され、七月七日「新緑の開墾地は招く」の広告、北海道入植地までの乗車賃、家財の運賃は無料です（一世帯一五箇まで一箇五〇瓩《キロ》）とあり、この広告はその後たびたび出る。

七月七日には写真入りで「送行歌と万才を浴びて拓北農兵隊は出陣」の記事が大きく出ている。敵弾に斃れた肉親の写真も入植、とあおって七月六日午後二時三〇分から一六五世帯八〇〇名下谷区桜丘国民学校校庭で壮行会とある。翌八日、コラム「陣影」は帰農者の出発をたたえ、それに続けと書く。

七月一〇日、「長旅の疲れも吹飛ぶ　拓北農兵隊希望の現地入り」の記事。元気一杯待望の沃土石狩空知の原野についた。八日午後四時函館発一一輛の戦災屯田兵臨時列車は九日午前三時手稲着一五世帯九二名、続いて琴似一二（四六名）、白石一八（九八名）、札幌豊平四〇（一八四名）、苗穂・札幌村一八（九八名）、野幌・江別三二（一四四名）、上志文・栗沢村一一（六八名）、栗山・角田村五二（二七三名）が現地入りしたと報じ、途中車内で出産、黒澤酉蔵氏が道子ちゃんと名付けて第一陣は二四五世帯一一四六名となったと書いている。桜丘国民学校集合の八〇〇世帯以外に集合した一隊があったものか、それとも東京近県から合流したのかは不明である。

七月一三日、「北海道集団帰農者に暖かい援護」の広告。戦災者一世帯一〇〇円の仕度金、定住後経済的援助必要なる者に二〇〇円までの援護費を差上げます、とある。同日「拓北農兵隊再起の新天地」写真入りで琴似から馬車に乗って我が家へ急ぐ、戦災屯田兵の首途《かどで》をいわう暖い戦友の贈物（分宿所の庭でとる中食も）の記事がある。

七月一五日「農兵隊を送る歌当選発表」広告。第二陣までは勝承夫作詩・服部正作曲の依頼作品使用、当選者の分は今後使用の予定と。一五日には「秋にはすめる我が家」東京都中田動員二課長の帰京報告で農兵隊の実情とある。翌一六日、室蘭へ米軍艦砲射撃、青森・八戸・大湊爆撃の記事（連絡船全滅は秘している）。一七日、農兵隊第二陣一五日青森着新町小学校へ一泊、近く現地への記事。

七月一八日、東京での集団帰農募集は一巡したものか、募集は千葉県が主体となり、一九日には埼玉県庁が主体の募集広告が出る。全文は同じで各々、二〇、二三日にも再び掲載。二二日、二五日には「新緑の開墾地は招く」の広告が再び現れ、区役所へ申込んで二週間後に出発日をしらせると書いている。七月二四日「拓北農兵隊開墾第一報」写真入りで（上）琴似から、翌二五日（下）角田村から。それ以後八月九日までは募集広告も記事もない。

八月九日「戦災者疎開者集団帰農、東北、関東、信越へ」の実施要綱が八日に決定され、第一次五万戸二五万人を一〇日から募集受付けを行うと報じている。東北では一戸当り五反の土地、その他地方は三反である。さすがに北海道へ送り出すことは交通事情、現地の状態が許さなくなっていたのだ。

そして敗戦後、九月二日になって「おお花咲く開墾地」として泥炭地に朔北《さくほく》農民団の凱歌の記事、拓北農兵隊は朔北農民団と名称を変え、豊かな大地を拓き、収穫を迎えつつあると書いている。北海道へ入植した者、一八〇二戸、八九二六名と記している。

これ以後また、北海道の開拓地へ、とキャンペーンが始められるのである。政府は一一月「緊急開拓実施要領」を閣議決定する。五カ年間に一五五万町歩を開墾、一〇〇万戸を入植せしめるというものである。敗戦による海外からの引揚者、復員軍人の帰国で、間もなく失業者三九一万人、人口増六〇〇万人を数え、都市生活者の三分の一は戦災をうけ、国民総飢餓が口々に叫ばれる状態だった。

戦後、北海道には五万戸近い開拓者、帰農者が入植する。戦災者集団帰農募集は大阪でも行われ、多数が応募渡道したことを私たちは後に知った。北海道の受入れ現地での状態は、私たち第三次拓北農兵隊の一団が経験したことと全く同じといえるようである。

＊拓北農兵隊への道

八月一六日、私の一家は本明寺から近くのS家に移り、幼児二人をかかえる若い主婦の収穫作業を手伝うことになった。東山部落の会長Sの分家で、出征兵士の留守宅だった。裸麦や小麦の刈りとりの時期であり、その跡地に大根やカブを播きつけると、すぐ燕麦刈りの季節がきていた。

九月に入ると、帰農者たちは土地探しを始めた。町役場から開拓係を嘱託され農業会に机のある馬車組合のYに案内されて、町内の荒廃農地をみて廻ったのである。それとてYのいうように幾らでもあるというのではなかったし、国有林の開拓者への解放はまだ方針さえ出ていなかった。街から七キロ余離れた村境の下士別に拓殖銀行が所有する泥炭の荒廃地をみつけたのは九月五日頃のことである。

ここが村境であるという道路は背丈をこえるイタドリが両側からかぶさり、馬車と人の歩くところ以外は何もみえず、イタドリをわけて原野の方へ入ると、そこは一面の葦と蓬の原で白樺、サビタ、柳など湿地帯特有の灌木がそこここに茂り、草は風にざわざわと鳴っていた。ところどころ土が白い煙を吹き、その煙が草をさわがす風に吹かれて原野を這っていたのである。下士別部落の既存農民（古くからいる農家を既存農家と呼んだ）たちが、この年の春から夏の天候が不良のため食糧不足にそなえてソバを播くつもりで火入れしたものが、九月になっても消えなかったのだ。

泥炭というのは、大昔、沼や古川のような湿地帯に草の根やコケ類が堆積し、その表面がわずかに風化して土になったものだと私たちは後に知ったが、土は痩せ、作物は育ちにくく、排水は不良なのに風が吹くと灰のように軽い土の表面は飛ばされる劣悪な土地なのだ。長い間の荒廃の間に、地下水が移動して、乾燥した土の底の方まで火入れの火はブスブスと燃えていき、水をかけても叩いても踏んでも鍬でおこしても火は消えず燃え続けたというのである。私たちは案内に立会った土地の人に、この火はどうしたらよいかと聞いてみたが、雨が降るまでは消えないという答えがかえってきた。翌日もその翌日も煙は風になびき、本当に雨が降るまで土は燃え続けた。丈なす草や灌木地帯に白い煙がなびいてゆくのをみると、荒涼として北の国の寒々とした厳しい風土がひしひしと身に迫るのを覚えたのである。

本明寺に分宿した五家族のうち、鉄問屋の息子とその母、妹二人のH一家をのぞく四戸と、本明寺の上の方にある大正寺という寺へ分宿した五家族のなかから小学校長を退職したS老夫妻が、この下士別の泥炭地へ入植を希望した。一戸当り三町六反、いずれも自費で買い取ることにしたのである。H一家は街から三キロほどのところ北公有地に土地をみつけた。そして、この下士別の土地へ入りたいと私と母がいったとき、案内した土地の老人はいきなり頭ごなしにいったのである。

「悪いことはいわない。やめて帰んなさいテァ。女子どもにこんな所は拓けやせん。無理だ無理だ。ここは昔、畑をやってて喰っていけず、水田にしてそれでも駄目で、何代も人が変って誰が入っても暮らせなくて逃げていった土地だ。北海道で生れた百姓でさえ、夜逃げしていった土地で、東京の人間が、それもあんたらみたい女子どもでやれるわけがない」

私たち一家に、開拓は無理だといったのはこの老人ばかりではなかった。丸ビルで行われた集団帰農募集の説明会と適格者審査に当った審査員からも、母は「あなたの一家では無理だろう」と難色を示された。しかし、説明書には一五歳以上の男子一人以上を含む家族とあるのを循に、応募の許可をとってしまったのだ。

五月二五日の空襲で私たちは新宿区戸塚町の小滝橋近くの家を焼かれていた。母の勤めていた工場も同時に焼け、焼け残った機材を福井県に送って再建し、工員も全部移動しなければならない状態だった。女学校を卒業したばかりの姉は、在学中からの動員で五反田の軍需会社にひき続き動員され、私は中学校から家屋強制疎開の打ちこわし整理に動員され、それも六月に入ると戦災家屋続出で、仕事も絶えて学校に戻るという日常であった。数カ月振りで授業の再開された学校で私は集団カンニング事件にまきこまれ、学生生活に絶望していたのだ。

牛込の私の通っていた中学校は、陸軍幼年学校や士官学校、海軍兵学校へ志望する生徒の入学が多いので著名な戦前の名門校であったが、連日空襲の激しい時期の学期末試験に級の半数近くがカンニングをしたのである。席が前の方にあった私はそれを知らなかったが、カンニングをしなかった生徒たちが憤り、級長の私に善処を迫ってきたのだった。大半が陸軍幼年学校を志願する者ばかりで、その試験への成績証明と席の序列に非常に神経を尖らしていたのである。やむなく学校当局に再試験を申し入れ、カンニング首謀者は停学処分を受け、彼らに私は校舎の裏でリンチを喰らった。しかし、私に級長の責任を強く迫った学生たちは私を守ろうとせず、リンチする学生の輪の外から黙ってみている者もいたのである。さらに再試験で申入れを一番うるさく私に強要し、リンチを黙ってみていた生徒がこんどは自分でカンニングをやっていて私にみとがめられ、あわれな卑屈さで私に笑いを送った。私には学校生活がどうにも耐え難いものになっていたのである。いっそ北海道へでもいって百姓になろうかと考えだしていた。

そのことがあるしばらく前に、幼年学校への願書につける戸籍謄本を区役所へとりにいって、自分の出生が普通ではないことを知っていいようのないショックを受けたことも原因のひとつである。戸籍では祖父母が自分の父母となっており、戸籍上長姉の母のもとへ養子縁組みしたことになっていた。その戸籍謄本を手に区役所を出て戸山カ原ぞいの道路を歩さながら、おそらく軍の学校は私をとらないであろうと思い続け、カンニング事件でリンチの側に幼年学校合格者がいたことが、私の耐え難さに拍車をかけたのである。

母は当時、工場で女子労働者係をしていた。また、次々と欠勤のふえてゆく労働者の家庭を廻って出勤をうながしながら、その欠勤理由が喰べ物がないためであることを知らされ、工場への労務加配米をとどけたりしていたことから深刻な食糧不足に直面する人たちをみてこの儘ではどうなるのかと思っていたようである。戦災をうけた工場が福井へ行かなければならぬものならば、と私の希望する北海道ゆきへ同意しだしたのだった。そして、丸ビルの説明会、帰農適格者審査場で「あなたの家族では無理」といわれたのである。

十数年の後で、その帰農者適格審査に北海道から派遣されて来ていたのが詩人で郷土史家の更科源蔵氏であったことを、私は更科さんご自身から聞いた。「そりゃ僕ですよ、君。そういえば君のお母さんだったのですなあ、思い出した思い出した、女の人がいた。あの集団帰農には、僕も、申しわけない責任をもっている」と広い額に手をやって、この眼のきれいな詩人・アイヌ研究家はいわれるのだった。

その集団帰農募集説明会には、作家の伊藤整氏も故郷である北海道へ帰農すべく悲壮な面持ちで訪れて、若い頃からの詩人仲間である更科氏と顔を合わせたという。更科さんがびっくりして声をかけると「もう東京は駄目だから、この機会に北海道へ帰って百姓をやる」と語るので、「しかし君、君にはとてもあの物凄い開拓なんか出来やしない。荷物を送る便宜はとるから札幌なり小樽なりで教師でも何でもやれ。百姓なんかは出来やしないよ」と拓北農兵隊への参加を思い止どまらせたというのである。もしこの時、伊藤氏が集団帰農に参加していたら、たとえすぐ開拓生活を止めたとしても、今日の伊藤氏の文学にはもうひとつ別な側面が加わったのではないかと思われる。

現在放送作家として活躍する箭井敬介氏も、このとき帰農に応募参加して札幌市近郊江別の原野に入植した。七月六日出発の第一次拓北農兵隊の一員としての大変な苦労と開拓生活を経験し、数年後に離農し帰京した一人である。後から聞いたのだが、かなりたくさんの知識人、文化人たちが拓北農兵隊＝朔北農民団には参加したようである。江別原野に入植した世田ヶ谷部落をつくった世田ヶ谷区出身の帰農開拓者のなかには、音楽家、教師、元俳優、劇作家が、十勝の帯広近郊入植の開拓者のなかには、後に離農して大学の教壇に戻った数人の大学教授たちがいる。俳句作家の細谷源二氏もその一人である。

北海道の開拓の物凄さ、と伊藤整氏を思い止まらせた更科源蔵氏の若い日のことを、高村光太郎氏は昭和初年に「彼は語る」という詩の中で書いている。

彼は語る
北見の熊は荒いのですなあ
釧路の熊は何もせんのですなあ
かまはんけれあ何もせんのですなあ
放牧の馬などを殺すのは
大てい北見から来た熊ですなあ

彼は語る
地震で東京から逃げて来た人達に
何も出来ない高原をあてがった者があるのですなあ
ジャガイモを十貫目まいたら
十貫目取れたさうですなあ
草を刈るとあとが生えないといふ
薪にする木の一本もない土地で
幾家族も凍え死んださうですなあ
いい加減に開墾させて置いて
文句をつけて取上げるさうですなあ

彼は語る
実地にはたらくのは、拓殖移住手引の
地図でみるより骨なのですなあ
彼らにひつかかるとやられるのですなあ

まさに彼らにひっかかるとやられるのですなあ、で、大正の大震災と戦時下の爆弾との違いはあれ、多くの人が釧路や根室の原野で味わった悲惨さを戦災者が経験させられることになるのである。後年、更科さんは「人買いに行かされたのだ」と述懐されたが、当時の北海道農業会長安孫子孝次氏ともども、政府決定の集団帰農政策には命じられて説明、審査、引率者となりながら随分と心をくだいたことがその話の端々にうかがえるのだった。

私たち一家と他の四家族は、火入れ以来の煙が風になびきつづける泥炭地の荒地を、自ら選んで帰農し開拓することにしたのである。北海道上川郡士別町字下士別四〇線東二号というところにその原野はあった。その頃までには、もうすでに何人かが二二戸の帰農者の一団から脱落し帰京していった。東京への転入は許可されないことになっていたが、敗戦直後に、中士別へ分宿した人たちの中の一人でロシヤ語の先生であるといわれた中村某老人は、東京へ通訳要員として呼び戻された。

中村某さんの場合を例外にして、帰りたくも帰れない人が何人もいたが、しゃにむに東京へ帰った人、知人の帰農に随伴してきて、やむなく世話する人があって街へ後妻にいった未亡人などもいた。本明寺分宿以外の帰農者たちも、ガラス商、写真店経営、宮内省の役人、会社員、旋盤工、プレス工、商人等々で、その誰もが農業未経験者ばかりであった。

❄開拓に着手

開拓地に、開拓着手小屋を建て始めたのは一〇月に入ってからである。この頃にはさすがに町役場へ開拓者対策要綱と予算措置も道庁を経ておりてきたようである。着手小屋は戸別に一五〇〇円の予算で建てられることになっていた。町有林から丸太を伐り出し、柱と梁《はり》・棟骨組みを組み、垂木をならべ木舞いを並べて長柾（厚手の経木といえばいえそうな材木を薄く削ったもの）藁葺《わらぶき》の屋根を大工がつける。壁土をつける下地編みと壁土ねりは私たち自身の仕事だった。左官屋が壁をぬり、大工がカンナもかけぬ座板を一〇坪の小屋に半分だけ張ったところで一五〇〇円ぎりぎりと放り出された。土地が決ってから私たちは士別の町はずれから二里の道を通って、泥炭の原野で草を刈り、地面をならし壁土をねったが、北海道の自然は激しく冬に移り始め、ようしゃなく牙をむきだしてきていた。地下足袋はおろかゴム靴もなく、素足に下駄ばきで私は下士別の土地へ通った。

壁土をねるのはつらい仕事だった。毎朝、土ねり場には氷が張り、それを割って中に入り、足を真っ赤にしてぐしゃぐしゃと粘土を踏んだ。火を燃やしたくても灌木こそ茂り、土地は煙を吹いて燃えこそすれ、薪になる木はなかった。みぞれの中や氷雪の中で母と私と二人で壁土ねりをやった。外壁をぬった一〇月二四日の暮れ方、帰り道で初雪になった。内壁用の土ねりをその後も続けたが、帰り道に雪の中で下駄の緒を切らして裸足で歩いていくこともしばしばだった。そんな時、一五歳の少年である私は、当時ラジオがよく流していた「南から南から／飛んできたきた渡り鳥／喜しそに／悲しそに／富士のお山を眺めてた」という歌を大きな声で歌って歩いた。寒いし淋しいからである。その後「南から」のメロデーをきくたび、母はああ厭だという顔をする。ぞおーっとするというのである。

一一月五日、私たちは丸太掘建ての開拓着手小屋へ移った。母と私が家建てに通う間、姉はS家の薯掘り、豆刈りをはじめ秋の取り入れの全てを手伝い、復員してきたSは馬車に夜具やわずかの荷物、それに配給された石炭を積み、東山部落の何人かがSから私たちに八月以来の麦の収穫から薯掘りに至る収穫作業の手伝いの代価にくれた馬鈴薯やソバなどを馬車に積んで送って来てくれた。前日にKがすでに移っていた。大工のKも間もなく移って来た。引っ越した翌日、眼がさめると布団の上に雪がつもり、壁をすかして道路を歩く小学生の姿がみえた。ついに壁は外壁だけしかぬれなかったからである。

道路をおおっていたイタドリは葉を落として、雪の野がどこまでもみえた。二メートルも雪が積もり、ひどい凍《しば》れには氷点下三〇度にも下がるというのであるから、この儘《まま》では「彼は語る」ではないが凍え死んでしまう。さっそく街の製材工場から板やベニヤ板を買い、農業用の温床障子を農業会から買って、ベニヤを張り天井に板を並べ障子をたてて越冬の準備をした。土地探しのとき立会った土地の老人Hとその弟でH分家が器用で大工仕事をするというのを頼んで造作して貰ったのだった。

開拓着手小屋に移って一週間目、私はHの家に頼まれて手伝いにいった。取入れが遅れていた稲のハサ（稲架・刈りとった稲を干す道具、干した稲もいう）入れと、脱穀籾すり、それが終わると土地改良の暗渠《あんきょ》排水掘りの人手が必要だったのである。H家で私は夢中になって北海道の農民の百姓のやり方を教わった。馬の使い方を覚え、遠い山からの薪材運びをし、雪がとけると開墾を手伝い、七月まで働いて家に帰った。代償にH家では私の開拓地の開墾に、荒地墾し用のナタ付きプラオで馬を使って二町歩ほども拓いてくれた。

H家にいる間、私はあらゆる仕事が全て始めての経験であるため、怒鳴られどおしで教えこまれた。夜、床に入ってから今日はいったい何回馬鹿野郎と怒鳴られたかを数えたりした。たまに上手く出来るようなことがあっても、「巧いぞ馬鹿野郎」とHは叫んだのである。

初めての正月を雪の中で迎えた。元旦の朝、凍った雪道を馬に乗って行く人があり、後からは仔馬がついてゆくのが見えた。その人は前日、五戸の帰農者に新聞紙にくるんだ餅をとどけてくれた人である。私たちは長い間そのことを心に深くとめていた。

しかし、一〇年も経ってから、じつはその人が、帰農者たちに最初の冬の年末に共同作業田でとれたモチ米を一俵ずつ帰農者へ贈ろうと部落役員会が決めかけたとき、くつがえしたのだということを知らされた。農民の複雑で屈折多い心情に驚き、憤らずにはいられなかった。私たちは、古くからこの土地にいる人たち、既存農民から素朴な親切と複雑な白眼視、東京者に何が出来るかという侮辱《ぶじょく》を与えられ、それは長く続いた。貧窮の苦痛をなめ続けた農民の、都会人に抱く反感が理由なく私たちの上に加えられたのである。

私がHの家で働いている冬の間、同じ下士別へ入った元ポンプ屋で機械工のKの息子と、中士別へ分宿した帰農者数人は炭鉱へ働きに行かされた。炭鉱労働者が枯渇状態であり、石炭生産は生産復興の上で不可欠のものだった。道庁は、北海道に棄てられた戦災帰農者を、今度はさらに炭鉱の坑内へかりたてようとして物資の配給や高い労賃をエサに募集し、連れて行ったのである。就労直後、中士別から行ったNは落盤事故で入院加療、春の開墾は不可能かも知れぬと知らせてきた。

年が明けて一九四六年二月、部落はいっせいに西士別という土地の国有林伐採と運材を始めた。前年一一月、政府は緊急開拓実施要領を閣議決定し、戦災者の集団帰農募集を再開し、外地引揚者・復員軍人・失業者などを開拓事業に送り込むこととしていた。開拓予定地の立木《りゅうぼく》を薪炭材として一般農民に払下げ伐採させたのだ。その以前に木材造材業者に用材木払下げを行ったのはいうまでもない。用材木伐採後、残余の木を皆伐し、丸坊主にした山へ開拓者を入植させることにしたのである。

それは明治大正と北海道に寄生的大地主を生み日本地主制形成の柱となった土地売買規則が改正

され、大土地払下げの規制と中小農扶殖策をとろうとした際の、中小農への払下げ地における立木代金無償付与の改正案が貴族院で有償化に変えられ、寄生地主の権益が守られたことと全く同じ思想と手口にほかならない。立木のある土地へ入植できれば、開拓者はその木を売って着手後数年の開拓生活を困難の中でも最低必要限の現金収入を得られる筈のものなのだ。政府や道庁は、丸坊主にした山へ失業者や復員軍人の開拓者を突っこんだのである。

農民たちは山へ群がって木を伐り、運んだ。私はH家の人と共に馬を追って薪材運びをするなかで馬の使い方を覚えこまされた。西士別の長い峠を橇《そり》いっぱいに丸太を積み、馬を追う。見よう見まねに前の馬追いが橇の上に立てば立ち、座れば座って重心をとって橇が転がるのを防いだ。雪道はこわれやすく、下り坂では幾度も橇をかえしては怒鳴られ、ようやく平坦地にさしかかると気がゆるみ、暗い中から起きて馬を山へ急がせる疲れで無性に睡くなる。ハッと気付くと橇ごと雪の中へ投げ出され後方で大人たちが大笑している。居睡りして馬追うのをみつけて、皆で手をかけて雪の中へ橇ごと転がしたものである。

雪がとけてH家の平地の開墾が終り、山の土地へ播きつけにいくと私は始めてプラオを使わされた。下の土地では整地のハローかけだけだった。土の柔らかい平地畑ならともかく、小石まじりの堅い傾斜地では馬はすぐ疲れて止まり動こうとしなかった。夢中で歩くように口を鳴らし御者綱をひくと片手になったプラオの把手は土塊に跳ねとばされ、両手でプラオにしがみつけば馬は歩かない。Hは、この甲斐性なしと怒鳴る。あるとき、誰も居ないのをみすまして馬の首にしがみつき、突立った耳に噛みついてぶら下ったことがある。耳は馬にとって急所なのだ。馬の大きな眼からポロポロ泪がこぼれ、それでも動かず、私も泣きながら畑の隅の木に馬をしばりつけて丸太ん棒で馬の尻を殴り続けたのである。その辺りは馬追鳥が多かった。農夫が馬を使う時の合図にする口の鳴らし方そっくりな啼き声で、馬追鳥は馬と私の周りを鳴き続け飛び続けた。

こうして私は馬を使えるようになったが、それはまだ年若い子どもにすぎぬことでかえって覚えられたのだった。二〇歳を過ぎてから初めて馬を使おうとした人は、ほとんど駄目だった。それは、当時の北海道での営農上、致命的なことといえたようである。この頃、中士別へ入植した元写真店経営のMが火事を出して、開拓着手小屋と生活資材のいっさいを失った。

開拓一年目、播きつけたのは馬鈴薯・燕麦《えんばく》・大豆・小豆・ソバ等だった。痩せた泥炭地からは燕麦反収二俵、馬鈴薯一〇俵がやっとだった。あの更科さんの釧路原野での一〇貫目播いて一〇貫目しかとれないというのに比べれば、遙かにそれは良いとしても、普通地ならその四倍近くの反収が上がるのだから問題外だろう。

しかし何はともあれ、そのような収獲にしろ開拓成績は優秀とされて、私の一家は時の北海道長官（知事）から表彰され、賞状と記念品を与えられた。どれほど開拓者一般の成績が劣悪であったかが、そしてそのことから必然的に貧しい生活に追い込まれたかを、そこから知ることが出来るようである。

一九四五年の北海道への入植開拓戸数は四二〇一戸、離農一五八〇戸で離農率三七％。四六年は八〇八二戸入植、二六三四戸離農、三二％の離農、二万一一九八町歩が開拓されたのである。四七年は六三七八戸、一九七〇戸離農、三一％、一万九四七五町歩開墾。四八年、四五一六戸、一〇一三戸離農、二二％、一万三八五八町歩開墾。四九年、四六九七戸、一三四戸離農、三〇％で、五年間の合計は二万七八七四戸入植、七三三二戸離農、二六％の離農率、定着二万五四三戸、開墾面積六万七〇三五町歩である。

二年目の冬が来ると、私は雪の造材作業に働きにいった。冬山の造材、伐木の現場は非常に危険だった。一六歳で表向きは労働基準法で働けないものを、秋の収獲だけでは一年間の生活ができないため働きに行ったのである。春までにその造材現場では三人の農民が死んだ。Ｋの息子や中士別の開拓者仲間は、再び炭鉱へ行き、Ｋの息子はその後数年、開拓生活が順調になるまで炭鉱に残って仕送りを続けなければならなかった。私もまた、未成年であることを秘して炭鉱へいって追いかえされたり、貨車送りする馬の牧夫に雇われて氷点下三〇度もの吹きさらしの貨車の中で、乾草にもぐりこんで目的地まで馬を世話して賃金を得る仕事などをした。寒いし、列車が停ると機関車まで走っていって煉瓦を罐焚きに温めて貰らってボロ布にくるんで乾草の中へもぐってそれを抱く。そんなことを繰り返して目的地までゆくのだが、それは当時の開拓者の生活を象徴する姿のようにも思われる。

入植後三年目、下士別の開拓者たちは水田を造田してはじめて稲を作付けした。開拓初年度に昔の水田跡地にあった畦を私たちは既存農民から潰せと教えられてわざわざ潰したが、退職小学校長のS氏が病気し離農した後にHの親戚で満州引揚げのYが入植し、そのYが水田造りを率先始めたのである。

私たちの土地は既存農民の上手にあったから、そこが水田化されると水路の灌漑用水が不足するため、私たちには何のことも判らぬうちに、古い畦型を潰せといわれ水利権を返上させられていたのだった。畦造りは骨の折れる仕事だった。

姉はこの年から下士別の小学校へ助教員として勤務した。秋、はじめての水田四反歩から二二俵の米がとれた。嬉しくて嬉しくて町の知り合いや友人たち、姉の同僚に袋に入れて新米を配って歩いた。翌年、水田を拡げ、一〇年目以降には三町六反歩の土地は三反ほどを畑に残し、あとは全て水田にした。

水田耕作二年目、開拓四年目でようやく私たちの暮らしは軌道に乗るかに思われた。この頃までに拓北農兵隊士別入植の二二戸は半数が東京へ帰り、残りの半数は事実上開拓生活をやめたり、郵便配達夫、銀行使丁、日雇い労務者を本業とする兼業農となっていた。下士別の元教員で小樽出身のSも街に移り、残った四戸と中士別へ入植のガラス業だったM老人夫妻とその息子だけが定着した。火災をおこした写真店出身のMは東京へ帰った。西士別の国有林皆伐跡地へ入植した数十戸の開拓民も辛酸をなめているようだった。そして私たちには、過重な供出割当てと更に加えての追加供出、重税がかぶさってきていた。

私たち開拓農家の生活は、まだ開拓着手小屋で荒莚の上の暮らしから脱けだせないでいた。そうしたとき数カ月分の生活費に等しい農業所得税が課せられた。経済九原則のドッヂ旋風が吹きあれたときである。米の供出割当てにしても所得税にしても、開拓農民のそれは開墾費用の控除や、開墾田畑の農作物への供出割当ては通常割当とは異なる基準がある筈であったが、どうしてかそれを適用してはくれなかった。

米の供出割当は、割当量を完遂すれば一年間の食糧保有米が確保できないほどのものだった。馬糧用の燕麦と大豆で代替え出荷をしてようやく完納した。畑作物の供出割当は戦後二、三年を経て、比較的ゆるんでいた。いっぽう当時はまだ超過供出報奨制度が残り、割当量以上の出荷には通常価格の三倍の価格が支払われた。それは馬鈴薯にも同様措置され、多くの農民が超過供出を行った。その馬鈴薯の供出割当が私たちにはなされず、町の産業課へお百度踏むように懇願しても割当はなくても供出はできるの一点張りで追いかえされた。近隣の町村役場では、開拓農民にある程度の超過供出可能の割当を政策的にとったところもあるようだった。私たちが普通価格で収獲した全量の馬鈴薯を出荷するとき、既存農家は超過の三倍の価格でどんどん供出した。痩せた荒廃地開墾とは異なる熟畑では、ようやく出廻ってきた肥料・農機具等の復興資材で著しい生産回復をみていたからである。また、澱粉製造業者は私たちから普通価格で買いとった薯を製品化して三倍の超過価格で政府に売渡せる仕組がそこにあった。

部落の電化が行われたのもこの頃である。各戸負担は資産・経営程度で数ランクにわけられて、帰農者は最も低ランクに格付されはしたが重く苛酷なものだった。戦後緊急開拓要綱では電化・土地改良などに開拓者は特別助成措置が得られることになっていたが、数戸ずつばらばらに土地を選ばされて入植した東京戦災帰農者には、この町の為政者はいわゆる開拓助成の対象につなぐことを怠り除外しがちだった。

例えば、村境である下士別の私の開拓地から道路を距てての隣村は、たとえ一戸点在でも荒廃地開墾営農者は助成対象として扱い、彼らは補助による安い肥料を用い、高い超過供出価格で出荷できるよう配慮されて自立促進が行われていた。融資も電化も土地改良も同様であった。私たちは当然の助成措置を受けられなかった。こうしたことは町や村の権力者・行政担当者の判断と思想の落差からおきる苛酷な異同であろう。そして、こうした私たち帰農者に対する重い供出割当・重税・生活難に対し、既存の一般農民は全く平然とみてみぬふりをした。

彼らからみれば、私たちが苛酷な割当と重税に苦しむのも部落の和を保つには必要なことだったのである。彼らも供出割当と重税には苦しんでいたが、帰農者・開拓者とはその程度が違っていた。

その頃、私は冬山で働いての帰途、夜具を背負って家に帰りながら街の書店で一冊の本を買った。長塚節の「土」である。電化まえのカンテラの火をかきたてては読み続け深い感動にひたったことを忘れられない。「土」の世界は、数十年を経ているのに、全く、私の開拓地をとりまく村と同質のものに思われた。

私が冬山で働く間、母は髪油や莚《むしろ》・叺《かます》等の注文をとって村の中を行商したが、そこで触れてくる農民とその家族のさまざまな姿をきき、日常接する周囲の農民の状態・思考・性格・習慣には、都会の生活者であった私たちには理解し難い不合理が数多く存在した。そうした生活の中で、私は次第に知識欲にかられていったが、その私を農民たちは敵意と不快の眼で眺めた。

開拓生活は困難をつづけながらも序々に安定に向っていた。水田化は進み、その水田に暗渠排水を施し、山から赤土を運んで泥炭土に客土をした。冬の土地改良作業は苦しかったが、造材山へ働きにいくよりは遙かに良い状態だった。


開拓七年目の三月、姉は勤務する小学校のＰＴＡ会役員で部落の名士のすすめで隣村の中学教員と結婚した。半年でその結婚は失敗した。複雑な家庭事情のある寺の息子である彼は異常性格の性不能者で、姉はいってみれば人身御供《ひとみごくう》として送られたようなものだった。私たちの一家の他は、村の人たちは姉の嫁いだ先方の事情や相手のことを皆が知っていたふうである。この結婚に最後まで反対しながら母に強行され、また失敗後の収拾を自分が全てしなければならない私と母との間にも相克《そうこく》がつのっていった。

姉の結婚をめぐる問題は、村の中での開拓者・帰農者たちに別なかたちでやはりあった。開拓農家には嫁にくる人や、嫁にやる親がいないということである。農家の嫁不足が、後にひとつの社会問題のようにいわれる風潮が出てくるが、開拓農家のそれは開拓始って以来今日まで続いている。姉の場合はそれの裏がえしだったのだ。

青年期特有の人生的煩悶《はんもん》にぶつかったのもこの頃だった。もともと私の開拓生活の出発にはそれがあったし、私は、私たち母子の場合、そのことで人間的復権をしたいという願いがあった。私は父を知らず、子どもの頃、それと知らされず会っていた人は、戦後間もなく死んでいた。しかしまた、私のそうした煩悶は、周囲の農民たちをみていると、ひどく贅沢なことに思えたりもした。

例えばS老夫妻の離農後、満州から引揚げて入植したYはH家の主人公の甥であったが、父に逃げられ母に捨てられてH家で育ったのだった。私の開拓地の近くの誰彼にもそのような者は多かった。既存農のKでは盲目の老婆が膝で這いながら家の周囲の畑で草取りをする姿をよくみうけたが、当主のKは幼い日にその母に捨てられ、長じて小作農民として自立したとき母が帰ってきたのだという。Kはその母を母として扱わないようであった。

M兄弟の場合はこうである。夫に去られた母と娘の小作農に一人の男が婿養子に入った。彼は母と娘とに一人ずつ男子を生ませ、それを兄弟として育てた。母の方は泣きの泪で日を送り盲目になったといわれ、その家族は一つ屋根の下に肩をよせあって暮していた。また、私の開拓地の斜め向いには古い倒れかかった家があったが、昭和初年の凶作・農業恐慌期に農民Fはその家の梁《はり》に縄を下げて首をくくったという。

北海道へ渡って間もなく、本明寺から分宿したS家には二人の子どもがいたが、数年後のある夏祭にサーカスへこの子らを連れていったことがある。その子たちは見あきて疲れると、ゆり起してもサーカス小屋の土間の泥の上にねてしまう。いつも親について畑へ行き泣きながら親の後を追っても構ってもらえず、遊び疲れ泣き疲れて畑の上で泥に頬や額をつけてねいってしまう日常が習性となってしまっていることに驚いたものだ。親たちはそれを不憫と思いつつ馴れてしまっていた。

疲れた母親の乳房をくわえたまま窒息死したり、甚だしいのは棟つづきの畜舎から出た豚に、居間で眠ていた赤ん坊が噛み殺されたり、赤ん坊の上に猫がねて窒息死させ、駐在所から間引きの嫌疑をうけて取調べられる中に発狂した農夫などもいた。それらはみな忘れがたい強烈な印象と憤りを私に与えた。そして、そのような話は随所にあった。また、農民からきかされ、知らされる戦前の小作時代やさらにそれ以前の開拓初期の農民の状態は想像を絶することだった。

それに比べればお前たちは、と私たちはいわれた。そして、私たちを帰農者と蔑視し、甲斐性なし、東京者に何が出来るか、俺たち百姓がかつてなめさせられた辛酸《しんさん》はお前たちに判るか、と白眼視する農民の多くも、内地府県の農村から追われ、棄てられ、逃亡し流亡してきた者であり、その末裔《まつえい》であることを知らされたのである。

既存農民の生活は、さすがに私たち帰農者に比べて遙かによかったとはいえ、敗戦直後の食糧インフレが下火になり、やがて強権供出と重税に苦しみだす頃には決して豊かとはいえない状態に変わっていた。記憶の中にある少年の頃の生活、東京での生活は、戦時下のかなり窮迫した暮らしになっても、北海道の開拓地の周囲の農民の生活に比べればまだしもよかった。農民の生活は不自由で暗くみじめなものに感じられた。六〇年以降急速に都会と農村の格差はちぢまってゆくが、いっぽう脱落し離農してゆく群れが増大する。主として開拓地の農民や山間部の農民だ。

一九五三年と五四年、北海道の農民は天候不良から数年振りに冷害凶作にみまわれる。ついで五六年には数十年来という大冷害にみまわれる。冷害は農民にも開拓者にも異常な打撃を与え大きな負債を背負わせる。多くの脱落者離農者困窮者が開拓民の中からでる。農産物の集散の中心都市には身売防止相談所がもうけられた。

この冷害凶作を経験するまで、私には農民がおかれる社会的状況というものが理解できず、私は村中を敵にしても自分にとっての真実をなどと生意気に考えていたが、数度の冷害が与えた影響の大きさと農民の対応の仕方をとおして農民とその家族が話してきかせる昭和初年の連続凶作と農業恐慌《きょうこう》の様相と、寄生地主制下の農民の状況が、初めて自分の開拓の経験とないまざって眼の前に現れてくるような気がしてきたのである。

私は五四年頃から農民運動に少しずつ近づき、やがて傾斜していったが、しかしそうした意識とは別に、自分の開拓生活をとおして抱かされた、状況を変えようとしない既存農民への生理的に近い反撥を根深く長い間もたされ、そうした感情を抜き去ることは難しかった。

私の一家や士別に入植して定着した戦災帰農者の生活が、安定的になり、一般既存農民に伍して農業経営が行えるようになるのは、入植後約一〇年を経過してからだが、その頃、前記のような冷害が襲うわけである。東京・大阪などから、都市戦災者集団帰農応募者はおよそ三〇〇〇世帯といわれる。定着し営農を続ける数は一割に満たないとみられている。

戦災帰農者ばかりではなく、緊急開拓実施要綱以後の引揚者・復員軍人など農村出身者の開拓地定着率も極めて低く、士別町西士別の国有地皆伐跡地に入植した数十戸の開拓者も十数年を経た後では十数戸を数えるに過ぎない。

❋冷害下の開拓農業

下士別の開拓地で、私は一九六四年まで営農を続けた。アレルギー性疾患（牧草花粉によるアレルギー、枯草熱ともいう）で営農が続けられなくなって、三月、離農し開拓地を去って札幌へ転出し、北海道の農民組織である全北海道農民連盟に専従活動家として勤務した。

六四年から連続三年、北海道の農民はまたしても冷害をうけ、加えて海外農産物輸入の影響をうけて窮迫する。六四年の如きは六人の農民が冷害を苦に自殺した。かつて二五万戸を数えた農家戸数は六三年以降急減して、現在は一八万戸である。離農は開拓地からのそれが多い。

六四年秋、私は災害調査団の一員として北海道全農村の約三分の二の地域で調査し、その際、多くの戦後開拓地の実態に触れた。戦後北海道には約四万五〇〇〇戸の開拓農家が入植し、六四年現在約二万二〇〇〇戸が営農を続けていた。一戸当たり約七八万円の固定化負債をもち、二万二〇〇〇戸の開拓農家の一戸当たり農業収入は六三年度で次の通りだった。二〇万円以下の生活保護世帯と同程度の農家四一〇〇戸（一七・五％）、二〇～三〇万円、二七〇〇戸（一一・四％）、三〇～五〇万円、六一〇〇戸（二六％）、五〇～七〇万円、五四〇〇戸（二三％）、七〇万円以上、五二〇〇戸（二二・二％）。したがって、安定的経営の開拓農家といえるのは、七〇万円以上の五二〇〇戸に過ぎない。

このような開拓農家の多額な負債と営農困難な状態は、次のような理由による。

（1）開拓当初から一人前の農業者を育てるだけの経営面積の配分と融資がなされず、戦後の食糧危機解決と、続出する戦災者・失業者・引揚者・復員軍人などの緊急救済対策にすぎず、開拓地も低位生産地が多かった。

（2）したがって、入植者はほとんど農業技術に未熟であり、加えて開拓地は土地生産力が低かった。

（3）道路、土地改良など肝心な基盤整備が入植のあとを追う形となり、営農資金は基盤整備に使われ、入植当時の借金が返せないまま悪循環を続けた。

六四年以降の連続災害は、一層開拓農民の営農を悪化させ、開拓地からの挙村的離農が続出した。六四年、二万二〇〇〇戸の開拓農家は現在までに一万戸以下に減じたと思われる。前記の災害調査で、私は北海道内各地の開拓地に、かつての私自身の開拓過程を、眼前にするような情況を随所にみた。そしてそれは、未だに棄てられたままの状態としかいいようのない姿である。

【文中に引用した新聞記事は、「読売報知新聞」一九四五年五月～九月のものである】

（出典：谷川健一・鶴見俊輔・村上一郎責任編集『ドキュメント日本人5　棄民』一二六～一四七頁、學藝書林刊、一九六九年）

紅葉

3　開拓者の娘としての一三年

音更村入植　佐方　三千枝

一九四五年三月、父が技術兵として海南島に出兵していた留守宅が、焼夷弾を受けた。そこは、父の仕事の関係で群馬県桐生市から移り住んだ母の実家に近い江東区深川である。祖母と母とそこで生まれた弟と私が住んでいた。

この東京大空襲の様子を私は、一九八〇年当時の職場だった東葛市民生協（松戸）の『平和文集』に、書いた。

＊東京大空襲

黒い布を電灯にまき、ひっそりとした男手のない街にその夜も、うなるような空襲警報が響いた。

一九四五年三月九日、東京、深川区木場。

四歳の私は、母に起こされ、防空頭巾を被り、眠い目をこすりながら、祖母の背中に負ぶさった。

ヴァウーン、耳をさく様な音がしたかと思うと、ババーン、バリバリという木の裂けるような音もした。

「近くの材木屋に焼夷弾が落ちたのかもしれない」祖母と母の動きがはげしくなり、声を掛け合いながら外に出た。遠くの空は真っ赤だった。（怖い）と思った。背中にしがみついたまま「おばあちゃん」と呼んでみた。「火の粉が飛んで来るから、頭巾を横に向けてごらん」と、あえぎながら、でもいつもの優しい声が返ってきた。やっとの思いで頭巾を横に向けたとき、バリーンと大きな音を立てて耳のあたりに火の粉が飛びついてきた。刺されたような痛さと髪の焼ける臭いがした。大声を出したらしい。振り向きざまに母が火を消してくれた。

どのくらい経っただろう。胸苦しい熱風を感じた。どうやら火に囲まれ、逃げ場を失ってしまったようだ。

頭巾のすき間から見ると真っ赤な炎が風に煽られて押し寄せてくる。

祖母と母は道端にあった竪穴の防空壕に近くの防火用水を入れ、そこに飛び込んだ。次々と多くの人が飛び込んできた。一番底の泥水に、母は弟を、祖母は私を庇うように浸り、濡れタオルを口に巻いてくれた。

母たちは、後から入ってくる人の重みに堪えた。まもなく、唸りはじめる人もいた。熱い、苦しいという声が、悲痛な叫びとなり、やがて静かになった。

今思うと、道路を舐めるように火が通りすぎたのだろう。間もなく、壕の底に人が落ちてきた。

一夜が明けた。祖母に言われて壕を這い上がると、電信柱が燃え、真っ赤な鉄板が飛んで行き、三月だと言うのに、陽炎が立つ道路は裸足には熱いくらいだった。地獄？　子ども心にも、生きているのか死んでいるのかわからなかった。

「みっちゃん」と呼ぶ祖母の声がした。見ると、焼け裂けた着物が雪袴《もんぺ》からはみ出したまま髷が蓬髪《ほうはつ》のように崩れた祖母が呆けたように立っていた。近づこうとするが、足が重い。頬が腫れて目が見えない。でも、声だけを頼りに祖母の胸に倒れこんだ。母は火ぶくれの胸に弟を抱き、おっぱいを飲ませていた。振り返ると、防空壕には黒焦げの人が折り重なっていた。

助かったのは、私たち四人だけだった。


これは、祖母の背中から見たわたしの生々しい記憶である。もちろん、四歳の私がすべて覚えていたわけではなく、祖母や父母が口重く話していたことも加わっている。が、忘れようのない光景である。後は要約する。

四人は近くの数矢小学校の講堂に収容され、毛布と乾パンが配られた。火の粉が張り付いた左頬の火傷は口の中まで貫いていて食べるどころではなかった。幼い弟は熱が出た。大火傷を負っている祖母と母は、子どもを助けたい一心でリヤカーを捜し、母の弟が勤務医だった新宿の淀橋病院へ運んでくれた。半日以上かけてたどり着いた病院はうめき声がこだましていた。叔父は、医師の宿直用のベッドに小さい弟を横たえ、治療を始めた。祖母も母も私も治療を受けた。弟は肺炎を起こして重篤、必死の治療の甲斐もなく翌日、命が絶えた。二歳に満たない命だった。父は二日遅れの復員船で帰ってきて、辿り辿り、病院に着いたが、息子には会えなかった。その父は、どこかでリンゴ箱をさがし息子を寝かせ、背負い火葬場に向かった。

この記事を、一九八〇年、毎日新聞が取り上げてくれた。

東京大空襲の罹災者は日に日に膨れあがり、資料によると、焼失家屋二六万戸、死者八万人、負傷者一三万人といわれた。幼い命を落とした弟や、まさに、命からがら助かった私たちは含まれているのだろうか。

この後、父の上司のはからいで杉並の自宅の離れに住まわせてもらうことになった。暗幕の下の電灯のあかるさが何より印象に残っている。ここには北海道へ発つまで住んだ。ところで、父母たちは何時どのような理由で北海道行きを決めたのだろうか。

❋拓北農兵隊

のちに、国策による「北海道集団帰農者」募集というのに父は応募したらしいことが分かった。それは、終戦直前の一九四五（昭和二〇）年六月一六日の全国版の新聞に掲載された募集広告だった。

・・・・・・・・・・・・・・・・・・・・・・・・・・・・・・・・・・・・・・・

北海道集団帰農者募集

北海道ニ集団疎開シ食糧増産ニ挺身セントスル者ヲ募集ス

一、応募資格

真摯ナル熱意ヲ有シ農耕ニ耐ヘ得ル十五歳以上六十歳未満ノ男子一人以上ヲ含ム家族及単身男子

二、特典

イ、移住地マデノ鉄道乗車賃及家財ノ輸送ハ無料

ロ、住宅ノ用意アリ

ハ、一戸当リ不取敢一町歩ノ農地ヲ無償貸与シ、将来ハ十町歩（水田適地ハ五町歩）乃至十五町歩ノ土地ヲ無償貸与又ハ付与ス

ニ、農具及種子ヲ無償給与ス

ホ、移住後ノ主食品ノ配給ヲ確保ス

ヘ、生活困難ナル者ニ対シテハ生活費一人ニ付月三十円以内ヲ六カ月間補助ス

三、申込場所

居住地ノ区役所　地方事ム所　警察署　国民勤労動員署（現在の職安）

東京都　北海道庁　警視庁　戦災者北海道開拓協会

・・

※青函連絡船上での終戦

父母は戦争から逃れたい一心で新天地を求めたと思うが、国は都市部の暴動を避けたともいわれた。八月一〇日に上野駅を出発したと思われる。一行はやがて、青森に着いた。

ここからは短歌をまじえて書いていきたい。

小さき骨抱きてプラキストンライン越す開拓船に詔勅届く
五月人形に身を寄せかけて立ち初めの弟二歳の写真がのこる

『青函連絡船五十年史』（日本国有鉄道）によると、昭和二〇年に、青森函館間を就航中の一四隻の連絡船のほとんどが七月と八月の艦砲射撃と空爆で沈没か大破したため、開拓者の移送は急遽、軍の樺太丸、千歳丸が当てられたとある。同じく更科源蔵の昭和二〇年『滞京日記』（北海道文学館）によると、北海道農業会の公人として東京からの罹災者に同行した更科源蔵は、八月一五日に樺太丸で函館に渡った記録を書き記している。

「船上のサロンに集まれといわれ、……隊長達と「勅書奉読」を聞いた」「ザザーという雑音も入る」が「手すりを握る手に汗が出てきた。玉音が終わっても誰一人として動く者がなかった」と。

青函連絡船千歳丸は青森に四、五日滞在したとあるから、おそらく、この樺太丸に私達も乗ったのだろう。祖母や父母も船の名前は覚えていなかったが、開拓団の団長だった父が連絡船上でこの「玉音」を聞いたと覚えていたため、青函の海を渡る状況を調べようという気持ちになり、わかったのである。

＊身重の旅

終戦後となれば引き返すことも可能だったはずだが、一家はそのまま汽車の煙に真っ黒になりながら狩勝峠を越え、帯広で士幌線に乗り換えて、音更《おとふけ》（木野）に着いた。最初に住んだのは、北進だった。

昭和二一年三月、見るものすべてが銀世界の中、妹が生まれた。お産婆さんが来てくれたのかどうかは覚えていないが、せわしく湯をわかす祖母の傍らにいたのを覚えている。母は亡くなった弟（和夫）の名前に因んで和代と名づけた。元気な子だった。

大人になってふと、北海道への強制疎開の大移動時に母は、丁度、悪阻《つわり》の時期と重なっていたのだということに気づかされた。

＊河東郡音更村音幌の国有地に入植

翌年、音更村音幌（現在の東和）の原生林（国有地）に入植した。入植地は、音更川の近くから帯状に河岸段丘を越えて、今は、「ゴジラ」の作曲者でもある故伊福部昭の碑が出来た「音和の森」に隣接する五町八反の原野だった。部落を南北に分ける天まで届きそうなポプラと、柏や楢アカダモの生い茂る北海道的原生林であり、防風林の役目も果たしていた。

八月の空を狭めてポプラ葉の銀のひかりは蝶のごとしも
木の皮と藁の小屋なりひとつだけのガラスの窓に朝日はのぼる

「募集要項」を読み返すと、確かに「家と無償貸与の耕作地」とあるが、それらはどこにもない。途方にくれた父は町に相談したが、わからず、部落の人々が麦藁と茣蓙《ござ》など持ち寄って家作りを手伝ってくれた。

音更川から五、六〇〇メートル離れた河岸段丘の近くに場所を決め、そこの木を伐り、地均《じなら》しをした。丸太は皮をはぎ、やがて、三角兵舎風の小屋組みが出来た。明り取りのガラス窓一個所と出入りのドアはあるものの、藁の上に木を組んだ床は板に茣蓙を敷いただけ、屋根は藁の上に木の皮を張ったキャンプ小屋に近い家だった。土間との仕切りに、大きな囲炉裏をつくり、薪を焚き、極寒を耐えた。

❄開墾ことはじめの父の事故

雪降れり雪しんしんと降れりけりなべて一村息をひそめつ
しんしんと降る雪に籠もる遠吠えを五右衛門風呂に母はかなしむ
目覚めよと陽は昇るなりすっぽりと雪にうもれし窓のむこうに

昭和二二年冬、父は事故に遭った。臼にも出来る太さのポプラの根を抜くために、雪を掘り根の奥深くに仕掛けたダイナマイトに一部不発があり、かなり慎重に見回りに行ったのだったが偶発に遭った。

抜根のダイナマイトの偶発に父は左眼の視力失う

真冬の事故だった。救急車で帯広の病院に運ばれ、輸血と必死の治療で一命はとりとめたが、左眼を含む左半身不随に近い大事故で一家中で病院に暮らす生活が始まった。

❋開拓者の子とアイヌの子

昭和二二年四月私は小学校に入る年齢だった。しかし、一家が帯広の病院で生活していたので、音更の小学校には行けなかった。担任の先生が、自宅近くの開拓者の家に下宿することを勧めてくれ、先生の自転車に乗せてもらって、三カ月遅れに、小学校へ入った。祖母からカタカナの読み書きを教わっていたが、この年から新制教育が導入され、一年生は平がな、二年生でカタカナを習うことになった。ひらがなの字が書けなくて泣いた。二年生になるとカタカナはすいすい書け、一気に自信を取り戻した。

寄宿先の家はアイヌ部落の近くにあった。野草を採る時は絶えないように少しだけ根を残すことをアイヌの人から教わったと、小母さんは教えてくれた。アイヌの人たちの日常はアイヌ語だったらしく、学校教育の場で和語（日本語）を話すことは強制に近く、無口の子が多かった。隣席の子とも言葉を交わしたこともなく、一生懸命に字を書いていた。間違うと、指に唾をつけて消す、紙が真っ黒くなったり破けたりする。ある日、そっと消しゴムを前に置いた。にこっと笑って使った。そのときの大きな黒い眸《ひとみ》は忘れがたい。

❄大地に真向かう

あまりの寒さと生活の大変さに、早々に開拓者の離農が起きた。ほぼ、夜逃げ同然だった。つまり、自分の責任でもと来た道を帰るのだったが、種や肥料の借金が払えなかったのである。

父の退院は夏頃だった。それを契機に、我が家は将来を考えたのではないだろうか。しかし、父はスコップと鍬で開墾をはじめた。最初は自給自足にもならないほどの収穫だった。間もなく父は、募集要項の約束実現のために、村、支庁、道庁、警察などと交渉した。右目と右の手を生かして、冬場は鋸の目立てをしながら生活を支えた。

新聞紙まるめてランプの火屋《ほや》を拭くことがわたしの日課となりぬ
紬織りの雪袴《もんぺ》を穿きて祖母と母大地に日がな熊笹を抜く
蕗の薹こごみ行者にんにくを今日のいのちと大地にたまわる

雨あけの庭に柏茸《ポリポリ》採る祖母とどんぐり運ぶリスとの構図
襲われし鶏かとまごう甲高き音して溜め水おたけびあげる
早暁の窓ガラスに咲く氷《ひ》の華《はな》を見よとぞ祖母はわれを起こしき

昭和二四年の夏、三角小屋に妹が生まれた。産院にかかってはいたが、間に合わなかったのだろうか。隣のおばあさんが取り上げてくれた。終わったと思った時、お腹にもう一人いたという。母子ともに元気な双子の女の子だった。子どもたちは母乳と山羊の乳ですくすくと育った。

その頃には、部落の皆さんが気遣ってくれ、大きくなるにつれ彼方此方《かなたこなた》で遊び、おやつをごちそうになった。

思うに、親たちの苦労とは別に、この地は、子どもたちが育つのには何ともあたたかい環境だったと思う。開拓者はどこでもそうだったが、月々の生活補助もあったとは思えず、じゃがいもやカボチャ、野草をてんぷらやおひたしにし、祖母も母も着物と食べ物を交換していのちを繋いだ。産湯を使う金盥《かなだらい》や薬缶なども、帯広の広小路に出た出店で、着物と交換してきたのである。

❋地吹雪のなかで

いろいろな日常が思い出される。

冬来ればつっかけスキーの登校が日課となりき小学時代は
地吹雪の白の世界に囚われてわれの五感は狂いはじめる
林抜け凍結の川渡るときダイヤモンドダストは頬に痛かり
存在をなべて閉ざしし地吹雪に掠れて父の口笛きこゆ
雪原は青にはじまり白となり夕焼けどきの紅《くれない》さびし

河岸段丘の下にあった家は、高台に向けて父が作った坂道に繋がれた。上る途中には湧き水が出た。そこから、母も祖母も時折は私も家に水を運んだ。

溜まった水は道を横切り下に流れたが、時折、水溜りに先客がいた。その水溜りの水を兎や蝦夷《えぞ》栗鼠《りす》や狐が飲みにくる。沢山の蝶が羽を休めていたり、青大将に出会ったり。同じ水で一家は生きていた。

雪が深くなると、スキーでの登校がはじまる。家は一軒一軒離れており、主要な道路まで掘って道をつけても、一夜の吹雪でかき消されてしまう。

一月になると、畑全体の雪が凍りどこでも歩けるようになる。音更川《おとふけ》も底の方は音を立てて流れていても、上は馬が通ってもわれないほど厚く凍り、一五分で学校に着いた。子どもも大人も、この川の氷結をどんなに有難く思ったか知れない。

＊音更川のほとりに住んで

昭和二七年、冬、十勝沖地震があった。小学校五年生、算盤の時間だった。廊下のガラスが割れ、太い木が裂け、立っていることは出来ず、雪の上に座った。

春、細長い国有地の崖側から、音更川の近くに引っ越した。そこには掩体壕《えんたいごう》が二つあり、アマラガワが流れていた。そこに十坪ほどの家が支給された。二間と台所の小さな家だったが、電気も付き、二重窓も付いた畳のある木の家だった。交渉を重ね、当初の約束を守らせた結果だと思う。ポンプで汲み上げる井戸と風呂場を作った。

昭和二八年、町制施行により音更町が誕生した。

地震《ない》あれば音更川を獣のごと氷塊猛けて下りてゆきぬ
雪柳ほどけてあわあわ飛ぶ朝はサンショウウオも目覚むるならむ
青空とサンショウウオを沈ましめ草生の水は動くともなし
吹かれつつ雲雀の声がおちてくるこの土手に父に夢を問われき
星屑を両手《もろて》に掬い亜麻畑に花咲かしむる神はあるかも
青のうねりくの字くの字に近づきて狐の親子が首傾げたる
病み細る祖母が節句に作りくれし雪雛のあり紙雛のあり

離農する力あらざる開拓者渾身の力に私有地化めざす
十三年経し離農日のスナップに祖母の笑顔は写り在《い》まさず

開拓も進み、一家総出でから竿での脱穀をした。作物もどうやら採れ、売れるようになった。鶏の卵を売り、羊の毛でセーターを編んで、生活に少しだけ潤いが生まれ、栄養も取れるようになった。プラオやハロウも入り、脱穀機も入れ、馬も飼った。

しかし、凶作があれば、種子や肥料の借金がそのまま残る、開拓者の生活はいつも苦しい。また、開拓者の離農が相次いだ。音更に何人入植したか調べていないが、私を預かってくれた家も、時折交流があった数軒の開拓者も借金がたまり逃げるように東京へ戻っていった。凶作のため、肥料や種子などの借金が返せない。父は見かねて、冬場、再び道庁通いに拍車をかけた。

昭和二九年、祖母は、東京の孫の結婚式に出掛けた。母はもしかしたら、帰ってこないかもしれないと言っていた。好きなお芝居も見られるし温泉にも入れるだろうと……。それでも祖母は帰ってきた。暫くして、祖母の様子が辛そうになった。煙草の好きだった祖母は、戦後しばらく刻み煙草のかわりに、イタドリの葉を揉んで喫んでいた。喉頭癌に罹った。医師の叔父や従兄弟は祖母が東京に帰ることをすすめてくれた。昭和三〇年は私の高校受験の年だった。自分の将来など考えたことのなかった私だったが、父の後を継げるほどの体力のないことを悟った。

そんな折、中学の担任の故黒澤熙隆先生が尋ねて来られ、町の奨学金と高校の育英会の奨学金の道があるから、私を高校へ上げるよう父母に話をしてくれた。父も母も早稲田大学と府立第一高女を出ていたため、子どもたちを進学させたいのは山々だったが、お金がなかったのである。先生の進言が父母の心を開いたのだった。痩せた体に鞭打って、祖母も、牛乳に生のジャガイモを摺《す》って澱粉でかためた「じゃがだんご」の鍋を作ってくれた。受験勉強の夜食である。

＊祖母の死

柏葉高校の一年生のとき祖母の危篤の電話を受けた。急いで帰ると、やせ細った祖母が待っていた。抱き、楽な姿勢になると、オレンジジュースをひと匙《さじ》おいしそうに飲み、そのまま眠るように息が絶えた。

葬儀を済ませた時、村人は、これから高台の墓地で焼くのだという。家族は家で待った。後で聞いた話だが、この時も持ち寄った藁や木で荼毘《だび》のように焼いてくださったという。

冠婚葬祭ばかりでなく、部落の人たちの共同作業は目を見張るばかり、仮橋が流されると、農繁期であろうと一日を割き、総出で丸太を組み橋をかける。この橋によって、町まで半分の時間で行き来ができるようになる。父もスコップや鋸を持って参加した。ちなみに『音幌五十年記念誌』には、昭和二四年〜二七年まで土地改良委員、三一年は厚生部長、三二年は森林組合という父の役職の記録も残る。入植日は誤植のためか一年違うが、離職日は昭和三四年一月一五日と極めて正しい。

＊開墾地の私有地化

農閑期の冬になると父は、小豆や大豆を一俵売って、札幌の道庁に通う年が増えた。当初の「開拓地の無償貸与又は付与」の約束を果たすためだったようである。四年位は通ったと思う。父は目を含む左半身に障害を持ちながらも、自分に出来ることは何かを考えたのだと思う。そして、自らたたかう生物である農民、労働者としての自覚があったのだろうと思う。

昭和三三年「一三年の実績と土地の七割を開墾する」という成功テストが法制化され、父はそれを受け、合格した。開拓地が私有化の約束が出来た瞬間だった。

幸い、部落の中に分家して外に住んでいた人がおり、土地を買って貰えるという話が当時の部落の農業委員からあった。私は春の卒業まで帯広の盲学校の寮に下宿させてもらい、昭和三四年一月、一家は、部落の婦人部の方たちに見送られて東京へ発った。この日のスナップも『音幌五十年記念誌』に載る。

父母の汗一斗しみける開拓地鋤き拓かれて小麦は実る
幼き日遊びに採りし十勝石《とかちいし》いまそれを見ず音更川に
草原にいななく馬が彫られたる十勝石のブローチわれは離さず
弟の、祖母の、父の、母の命終　白熱電球換えつつ憶うも

＊今思うこと

東京大空襲の犠牲となった弟のいのちに代わって、北海道開拓者として生きた祖母と両親の背中から教わったものは、あってはならない人間の醜い競争である戦争のおろかさそのものだった。

福島の原子力発電のメルトダウンは、風に乗って松戸にもセシウムを運び、一時水源を犯され、子どもたちの遊ぶ公園の土は、掘り返され埋め直された。

島国日本は、人間による自然破壊と原子力発電に、悲鳴をあげる。

いまや、戦後から護ってきた憲法の前文と九条の平和宣言が変更されようとしている。どんなことがあっても、戦争から命を護る憲法を失ってはいけない。父や母や祖母や弟に代わって「もう、戦争はごめんである」と言いたい。

今、七四歳の私は、真剣に、そう思うのである。

幼くて戦禍に逝ける弟の魂《たましい》と思う　憲法九条
マンデラの訃報つたうる真夜中に人を護れぬ法が生《な》るとは
焼夷弾避けし壕より生きのびし最後のひとりとなりて老いゆく

（出典：『文芸おとふけ』第四六号二九〜三九頁、音更町文化協会刊、二〇一四年　これに一部加筆）

4　拓北農民団となって――「わたくし」のこと

川西村入植　鵜澤　希伊子

❄戦争に翻弄され……

私が北海道へ渡って、夢にも考えなかった生活を始めるきっかけとなったものは、第二次世界大戦であった。私たちの年代は、戦争の巨大な魔手に翻弄され、運命を歪めてしまった人たちがほとんどであるから、さも自分独りのような文句も言えないのだけれど、

「もし、戦争がなかったら……」と、小説の筋でも追うように、自分の上に違った生き方を当てはめて、心を燃やしてみることも、しばしばある。

戦争によって、思ってもみなかった道を辿り、今の私が在ることを、はたして良かったのか悪かったのか、決めるべくもないけれど、ともすると失ったものばかりが心を占めて、嘆きと悔いに責められることが多い。

何とかして、これまでの生き方からも、自分なりに納得のいく価値を見出し、自分への安らぎをみつけなければ、これまでの人生が本当の無駄に終わってしまうと、ひたすら努力しているこの頃

ではあるけれど。

＊拓北農民団となって出発

昭和二〇（一九四五）年九月四日。私にとってその日は、激しい空襲下にも、戦災に遭ってさえ離れなかった東京を去って、北海道へ向かった、運命の岐路ともいうべき日である。

秋とは名ばかりの太陽が照りつけて、空腹と疲労と敗戦の虚脱に衰えきった身体には、耐え難い日であった。

いたるところに排泄された汚物と、悪臭に満ちた上野駅頭には、ものうげにうごめき、かがみこんでいる、ぼろ屑のような人間がまき散らされ、その間を縫って復員兵の大きな荷物が右往左往しながら一種の活気を発し、しつっこくからむ浮浪児たちが、生命のふてぶてしさを謳っていた頃でもあった。

昼頃、私たち家族は、四〇歳を過ぎた両親と七八歳の祖母、小学三年の妹、五歳の妹と歩き始めたばかりの弟と私の七人は、手回りの小さな荷物を提げただけの姿で、上野駅に集まっていた。終戦の少し前、東京都が都民の疎開と食糧増産の一石二鳥を狙って、北海道未開地の開拓に人を募った、拓北農民団の一員として、出発するためであった。

牛込の神楽坂近くで、一〇年やっていた釣道具屋の店が、戦局が苛烈を極めるにつれて開店休業になり、戦時中始めていた、飛行機溶接棒の町工場も戦災で廃業、その上四月、五月と二度の戦災で、家財のすべを失った我が家は、全くの無一物であった。

そして私は一四歳、女子学院に在学とはいっても学徒動員で三田の保険局に勤めながら、勉強からほとんど切り離された生活の憂さを、空襲の合間に東西の文学書を読み漁ることで満たしている、痩せっぽちの少女であった。

各区から集まった、どれも不恰好な荷物を背負い、子どもづれの雑多な人たちに混ざって長く待たされた後、私たち専用に仕立てられた列車に乗り込んだのは、もう夕刻であった。汽車は上野駅を出てほどなく、焼土と化した東京の街々に人の住む灯りがぼんやりとついて、たそがれの色濃く迫る車窓から一つずつ、一つずつ後退していくさまを眺めた時の、哀しみとも嘆きともつかない気持ちを、私は一生忘れない。

「東京を捨てるんだ。死んでも離れまいと決めていた東京と別れるんだな」

自分に言い聞かせながら涙の溢れるにまかせて、最後の東京の街を食い入るように見つめた夜が、つい昨日のような鮮やかさで私の胸にある。祖父の代からの東京は、生まれた時から他の土地に住んだことのない私にとって、変え難い故郷であった。連日連夜の空襲に死に曝され続けても、空腹を抱え通す食糧難になっても、東京以外に私の住むべき地は考えられなかった。

＊入植

種々雑多な構成メンバーとの長い旅。貨物船で渡った津軽海峡。汽車旅行の末やっとの思いで降り立った帯広は、啄木の「はば広き街」を偲ばせる、低い屋並のさびれた、街路ばかりが、いやに整然と広い街だった。

そこから明治の遺物然とした、日本甜菜《てんさい》糖株式会社が甜菜運搬用に引いたという私鉄に乗せられて、広漠とした秋の野面を進んで行くうちに、私は徐々に、言い知れぬ恐怖の突き上げてくるのを覚えた。単線の狭い軌道の上をマッチ箱を並べたように、激しく揺れながら、そのくせのろのろと歩む汽車に二時間余。真っ暗な広野の真っ暗な停車場に降ろされて、九月八日と言うのに、震えあがる程の寒さの中を馬車に揺られた後、

「ここがあんた方の家ですよ」と、初めて掘立小屋の前に降ろされた時、私は恐れていた物の本体と対峙した気持ちだった。

板壁一枚の崩れかかった我が家には、かがり火のように、太い薪を組んで火が焚かれ、灯火と暖房を兼ねた赤黒い炎にてらてらと映し出されて、今宵から隣人となる部落の人たちが、山賊然と居並んでいたのである。

翌朝、ただ広い、どこまでも広い畑と向き合った時、

「これはどえらいことになった。こんなところで成長したらどんな人間になるか、分かったもんじゃない。私の人生の目的を貫くためにも、よほど考えてかからなければ。希伊子、小じっかりしなくちゃならないぞ」と、防風林の落葉松の梢を睨んで自分に喝を入れた日のことが昨日のように思い出される。

※入植地での生活と爆発する帰京への思い

その日から百姓の経験のない父母が、見習いがてら食糧確保のため、農家に手伝いに出る留守を守って、一歳五カ月の弟を背負い、炊事、掃除、三〇〇メートル離れた隣家からの水汲み、近くの林に行っての薪集めと、全く未経験な、私の意に反する雑事ばかりの毎日が始まると、

「東京に帰してくれ」と、気狂いのように頼み続ける私の抵抗が始まった。

女子学院の友人たちから授業再開や疎開地から戻る級友の消息がもたらされると、電燈もラジオも新聞もなく、勉強の「べ」の字も考えられない毎日は、焦りと不安と絶望の中に容赦なく私をたき込んだ。そんな自分をごまかすために、板壁に目張りした新聞の切れ端を台に上がって隅から隅まで読み回ったり、焼け残りの荷物に只一冊紛れ込んでいた俳誌「ほととぎす」を、仕事の暇を盗んでは繰り返し読み返したのも、その頃だった。

祖母や幼い弟妹を抱えた父母の苦労は察しながら、

「でも、このままじゃ、私はめちゃめちゃになる。どうしてもしたい勉強はあるし、諦める位なら死んだ方がましな望みも。あの人にふさわしい人間に成長しなくては、私の生まれてきた甲斐がなくなるんだもの」

いても立ってもいられない思いが、目の開いている間は、上京の許しを父母に請い続けさせた。

＊愛する情熱

人に告げる種類の話ではなかろうけれど、これまでの日々、挫けそうになる時時に、私の内部で一本の芯となり、支えてくれたのが、この感情であったから、心の姿として曝そうと思う。

終戦間際の殺気立った世相の中で、私は初めて人を愛するようになっていた。死が日常茶飯事の話題となり、恐怖の感情すら鈍っていった生活の中で、女としての気持ちが素直に育っていたことを、今にして嬉しく思う。

他家の玄関に訪れたその人を一目見て、

「この人だ！」と、心を貫く激しい感動に痺れた瞬間を尊く、いじらしく、

「私がすべてを投げ出せるのはこの人なのだ」と、何の疑いもなく信じ込めたこと。

霊感とはああしたものかと思っている。おチビの女学校三年生が、女にもなり切っていない心のまま、長い間探し求めていたものに、今やっと巡りあえたと、花びらに埋もれて漂う思いに酔ったのは、この時ばかり。一生にただ一度巡りあえる感激だったのであろう。

その後、家が戦災に遭い、学校を続けるには他家に預かってもらわなければならなくなった時、一面識もない彼の家庭をためらわず選んだのも、

「私の見出した人を、より良くみつめるために」と言う、私なりの情熱であった。

終戦前後の混沌とした四カ月が、その後に続く北海道での生活を含めた、これまでの灰色の人生

を通し、そこだけ花の瑞々しさに匂っているのも、私の彼に賭けた夢の真実によるものと思う。そして、今より後にどんな未来が開けたとしても、あの歓びほど素晴らしい生き甲斐には、再び巡り合う時を得まいと思うからに……。

＊最初の帰京

私の渡道は、こういう気持ちの中から行われたことであり、しかも親に従って仕方なく行ったのだったから、我慢できるはずはなかった。本当に毎日泣き口説いて一年間、ついに翌年の九月には東京へ戻ることになった。

魚を包んだ新聞紙の広告欄の「子ども貰い度」の切れ端を見せ、

「私くらい大きくなっていてももらってくれるかしら」などと母に相談したりするものだから、母もそんなにまで勉強したいのかと心配を始め、M家に置いてくれるよう頼んでくれたお蔭だった。

父はいっこうに家の事情を考えようとしない親不孝娘に匙《さじ》を投げ、

「俺は放任主義。おかあさんとお前で勝手にせよ」と、そっぽを向いていた。

昭和二一（一九四六）年九月八日、一年前、この地に辿り付いたと同じ村祭の日に、何日分もの弁当や、父母が搗《つ》いてくれたいなきび餅、西瓜、近所でわけてもらった豆類の大荷物を背負って、私は勇躍東京へ発った。さすがに父母は、混乱の治まらない時世に、ちっぽけな小娘一人を北の果てから出してやることを危ぶんだようであったが、当の私は、

「二度と再びこんなところへ帰るもんか。早く東京で何とかなって、家族を呼び戻してみせる」と、心中固く誓って、怖れも不安もものかわであった。

親と弟妹が、開拓地でどん底生活をしているにもかかわらず、それから二年余、私はM家の世話になりながら恵泉女学園へ通い、至極幸福な学校生活を楽しむことが出来た。だが、卒業期が近づき、進学の方針を立てている級友に接すると、西鶴《さいかく》の研究がしてみたい私は、不可能と分かりながらも何とかして進学したくてたまらなくなった。一人でいろいろ考え抜いた末、通いきれなかったら受けてみるだけでも良い。時間と経済に余裕の持てる進駐軍要員となり、出来るところまでやるだけはやってみようと、ひそかに決心していた。

❋母の急病

だが、昭和二四（一九四九）年正月四日、「ハハヤマイオモシキイコスグカエサレタシ」の電報が飛び込んだ。取るものも取りあえず家に駆けつけてみると、貧乏と労働に身をすり減らした母が、子宮がんの死の床で土気色に病み衰えていた。

すでに死の宣告を下されていた母に、貧しさの極みにあった私たちは、何一つ手当らしいものをしてやることができなかった。身体を使い切り、消耗しきった母には、弱り果てて手術に耐えるだけの体力すら残っていなかった。

母の初めの大出血の折、近年稀な大雪に見舞われ、唯一の交通機関である例の「明治の遺物」が途絶したため、二十余キロ離れた帯広の病院へ運ぶ術もないまま四日間放置したことも、手遅れの大原因であったと思う。

それでも母は、家から停車場まで一・四キロの道を、一メートル半もの積雪を掘り割って道をあけ、やっと開通した十勝鉄道に乗せて、病院まで下げてくれた部落の人たちの厚意に、心から感謝していた。周囲の私たちがひた隠しにしていたのに、いつか死を感知した母は、四歳を迎えたばかりの弟を残して逝くことと、死後の我が家の生活をしきりと心配し、

「秀行が大きくなるまでは、寝たっきりの姿でもいいから生きていたい」

「おかあさんが死んだら、おとうさん独りでは畑仕事ができないからどうしよう。でも、そうなればみんなで東京へ帰るようになろうから、その方がいいかもしれないね」などと言っては私を泣かせた。

東京での生活が長かった母は、私同様、東京へ帰ることを、切望していたのだと思う。

「おかあさんが死んだらあんたが一番大きいのだから、後をたのむね」と言うかと思えば、

「でも、そうすると、あんたを縛りつけて、家の犠牲にして可哀そう。家など考えないで、自分の思ったように」と、気持ちが変わったり、がんの痛みと闘いながら、考えるのは家や子どものことばかり。肉体の痛み同様、心の苦痛も並大抵ではないらしかった。

＊母の死

どんなことが起きようが東京へ帰る気でいた私が、何もかも諦めて、とも角北海道へ住むつもりになったのは、この時の母の悩みや願いにつき動かされたからだと思う。

「どうせ死ぬのなら、子どもの顔の見える所で」と、入院一カ月余で家に戻った母は、日を追って間断なく襲って来るがんの痛みにのたうちながらも、死の三日前には四メートル離れた馬小屋まで、「良い仔を産んでくれるように」と、身体をひきずって頼みに行くなど、最後まで家族のことを心配しながら、四月五日の夕刻、がんの転移で尿毒症を併発して死んでしまった。

私が帯広まで鎮痛剤などを取りに行った留守の間で、帰路行きあった部落の人に告げられ、飛んで帰ってみると、薄暗い小屋の窓際に、はりつくように立った弟と妹が、いっぱい見開いた眼で母の屍を見下ろしており、異様な静寂が辺りを圧し包んでいた。そしてもう、痛みも訴えなくなった母の身体には、それでもまだほのかな温みが残っていた。

部落の人の手造りの、粗末な木の坐棺に移して母を荼毘《だび》に付す前夜、再びの大雪で翌朝は胸を超す積雪であった。部落の火葬場まで運ぶ方法もないため、母の身体は開拓しかけた我が家の柏林で焼かれることとなった。

身ごしらえを堅固にした人々が、雪を掘り割りながら、棺を運び、部落のほとんどすべての人が後に続いてくれた。三方六《さんぼうろく》の太い柏薪をやぐらに組んだ上に棺を置くと、石油をかけて火を点け、焼けきるまで見張っている部落の若者を何人か残して、私たちは家へ戻り、葬儀の後の振舞いになった。

酒が出て遠慮がちにも賑わってきた人々をよそに、私は幾度も窓に寄った。青く冷たく冴えわたる雪明りに、母を焼く炎はいつまでも赤く、高く低く揺らぎ続けては私の瞳の中で滲んだ。

幼い時から苦労の連続で、ついに報われることなく終わった母の生涯は、忍従の一生であった。「結婚が女の幸福とは限らない。女も一生できる仕事を持つこと。おかあさんは両親が早く死んだので実現しなかったが、先生になりたかった」と、私によく愚痴ったことからも、自分の生き方を肯定していなかった母の二の舞だけは、私はもちろん、妹たちにも決して踏ませはしないぞと、母の死に誓った私だった。

＊一八歳で小学校の教員に

こんな気持ちも無意識に作用していたのか、母の死から一カ月を虚脱状態で過ごした私は、家から一〇キロ離れた山奥の小学校に勤めることになった。

五月一五日、春遅い北国にも、辛夷《こぶし》、桜が咲き満ちて、耕された畑には、麦や豆のかよわい芽が顔を出す頃であった。十勝鉄道で四駅先の戸蔦《とつた》には、先方の校長さん、ＰＴＡ会長さんが出迎えて、たった一人降り立った私を、意外そうな面持ちで迎えてくれた。

後で聞けば、あまり小さく子どもっぽいので、これでやっていけるだろうかと、それぞれに不安を覚えたとのことだったが、そうとは知らない私は、そこから五キロの山道を神妙な顔で付き従い、これからどんな生活が始まるかということすら考えもしない、呑気ぶりだった。

断崖の上の切り通し、ほとんど家影もない、だらだら道を曲がり曲って、渓谷に架かった吊橋を渡ると、首をすくめたハモニカ長屋のような岩内《いわない》小中学校の校舎が、桜の花影の向こうに浮かんで見えた。二本の石柱を立てただけの校門を入っていくと、色黒の子どもらの好奇の瞳が待ち構えていて、

「わあ、かわいい先生!」と、女の子の甲高い声があがって、それが私への歓迎第一声だった。

素朴な無邪気さに打たれ、完全にテレながらも私は、

「あ、先生になるんだな。先生に」と、重大事を身体で受け止めた気がした。

こうして、一八歳のおかっぱ先生が誕生した。川西村立岩内小中学校。小学校二学級、中学校二学級。全児童一〇〇名足らず。村で一番山奥にある学校が、私の第一赴任校だった。校下の五部落は、祖父母の代に山形・岐阜・長野などから移住した人々で、夏は農耕、冬は冬山造材に働いて、外部との接触も薄いまま、故郷の慣習や古い偏見を頑固に守りつつ住みついていた。

私は翌日から二年七名（男二名女五名）、四年一一名（男八名女三名）、六年一二名（男七名女五名）の子どもたちと暮らす生活が始まった。一、三、五年は、私より何日か前に赴任した、やはり女学校出たての一六歳の先生が担任。中学は、樺太引揚げの三〇代の方と、東京から疎開して来た四〇代の男の先生、旭川師範出の校長とで学科を分担していた。

廊下にちまちまと並んだ全校児童に、一応格好をつけた挨拶をして、担任の級に入っていった私は、「盲蛇に怖じず」というか、何のためらいも不安も持たず、一時間目より、すました顔で授業をやったものだ。今にして考えれば、「知らないとは何と恐ろしいこと」と、冷汗もののあきれた話だが、母の死のショックのまま、ふわっと教師の端くれとなり、ただ夢中で動き廻っていたらしくて、ホヤホヤ当時の勤務も生活も、はっきり記憶に無いほどである。

何しろ、どうして東京に帰らず、よりによって教員になったものか、いくら考えても今もって分かりかねる心境であった。

※「東京へ」の葛藤の日々

十勝《とかち》八勝の一景、岩内仙境の深さ三三メートルの渓谷の上にかかった吊橋の景観を、朝な夕なに眺めて二年一一カ月、おぼつかない教師の道を、喜んだりしょげたりしながら、よちよち歩きした毎日だった。

その後、上の妹の定時制高校入学を機会に、家から通勤できる清川小学校に転任し、ここに一〇年。一応教員の肩書で一三年を、僻地ばかりで暮らしたことになるのだが、気がついてみたら先生だったという私では、好きで、喜んで、誇りをもっての教員生活にはほど遠い日々であったと思う。一瞬間も「東京へ帰る」という気持ちを捨て切ることは出来なかったし、曲がってしまった人生コースをいつかは立て直すのだと、執念を燃やし続ける生活だったと思う。再び無鉄砲をやらかさなかったのは、乞食同然の我が家の貧しさ、ちっちゃな三人の弟妹、憔悴《しょうすい》した父の姿に、さすがの私もわがままが言えなかっただけ。

それでも「今年だけがまんして、来年こそは」と、考えない年はなかった。東京の友人からの便りが唯一の楽しみなのに、手紙を読むたびに矢も楯もたまらなくなって、「独りで自由にさせてほしい」と父と喧嘩したり、就職から下宿先まですっかりお膳立てし、身体さえ行けばいいだけになっているのだからと、父を口説いたりというようなことを、幾度繰り返したことだろう。

「お前が行けば弟たちが、今より辛い思いをする」と言う父の言葉に挫けて、私ばかりが何でこんな憂き目を見るのかと、悔しさ情けなさに自殺を真剣に考えもした。

私の教員生活は、この焦燥を紛らすために、仕事に熱中しようと努めたにすぎなかった。電燈もない山間の部落に育つ、文化の恩恵薄い子どもたち。一教室に三学年が一人の教師と学習する無謀な学習形態などに身につまされて、一八歳の名ばかりの先生は、何度もベソをかきながら、何かを掴もうと模索したに、過ぎなかった。

自分の苦悩を別の苦しみで、覆い隠そうとしていたのだと思う。そして、そうすればするほど、自分の力なさが身を噛んで、なお勉強したい気持ちに駆られ、一層上京したくなるという悪循環を繰り返していた。

しかし、二千何がしの給料は、その頃開拓途上にあった我が家にとって、唯一の現金収入であったから、すべてが生活費に回され、欲しい物も買えず、帯広にも年二回、学芸会、運動会の遊戯講習に出掛けるのが関の山、というありさまでは、他の願いなど思っても無駄だった。

俸給がいくらか昇っても、用途は増えるばかり。何年経っても、苦しい生活は依然として続き、苛立つうちに年だけは重ねた。自分ではできる限りのことをしたつもり、仕方なかったとは思うけれど、人間の耐える苦しみのうち、何より辛いのは望みを断たれることと知っただけが、この間の収穫だった。

◇

いつか自分のために、暇やお金の使える時が来て、願いが叶えられたら、どんなに幸福だろう。たとえ死ぬまでそうならなくても、この気持ちを空想しているだけで、現実を耐えていく力が湧いてくると考えながら、生きてきたのが私のこれまでだった。

こんな私の記録など、何の役にも立つまいけれど、日本のあちこちの僻地の片隅に、自然の威圧に耐えて生きている子どもらや、焦り悶え続けている若者たち、恵まれない日常の矛盾を抱え、黙々と歴史を積み上げている人たちのいることを広く訴えて、現実に生々しく潜んでいる残酷や不当を、多くの人によくよく知ってほしい気持ちから、恥も外聞もかなぐり捨てて発表してみる気持ちになった。

そして自分には、これまでの己を省み、そこに墓碑銘を刻む気で、まとめる僭越をあえて犯した。過去の私とははっきり決別し、新しい自分を誕生させようとして。


（出典：鵜澤希伊子『原野の子らと』序にかえて　福村書店、一九六四年刊）

5　拓北農民団となって―どん底の生活の中で

川西村入植　鵜澤　良江

※学童疎開先で敗戦

私の家は現在のＪＲ飯田橋駅の近く、牛込区（現新宿区）揚場町九番地にあった。飯田橋から築土八幡方向へ行く都電の停留所そばで、「かもめ屋」という釣道具屋を開いていた。父は和竿の竿師でもあった。

一九四五年四月一三日夜半から一四日未明の山の手空襲で家を焼かれ、家族は親せきを頼ってばらばらに暮らすことを余儀なくされた。

私は津久戸国民学校三年になったが、学童集団疎開に追加として加わり、栃木県鹿沼市の光明寺へ。そこで八月一五日の敗戦を迎えた。

※北海道へ、そして不安な生活の始まり

一九四五年九月四日、拓北農民団の一員となった父について、私たち家族七人は上野駅から、専

用列車で北海道へ向かった。

津軽海峡を青函連絡船ならぬ貨物船で十何時間も揺さぶられ、船酔いに苦しんだ。七月に海峡を渡った開拓団にはアメリカの襲撃を受け、沈没をした船もあったとか。それに較べれば船酔いなんぞ。だが、死ぬ苦しみであった。

函館本線、根室本線と乗り継ぎ、富良野で地域ごとに分散し、私たち川西隊は十勝、帯広に向かい、そこからマッチ箱のような十勝鉄道に揺られ、やっと夜になって着いた所は河西郡川西村中上清川の掘立小屋だった。

夏の服装で出発した私たち家族は馬車に揺られながら寒さに震えあがり、囲炉裏火を焚いて迎えてくれた部落の人々を、カンテラの灯の中に見出して、やっと人心地ついたのだった。

秋から冬にかけての生活は食べ物の心配から始まった。主食の大麦、稲黍《いなきび》、馬鈴薯や南瓜、とうもろこし、野菜などは、畑仕事を手伝いに行った両親に部落の人が手間賃代わりに現物で提供してくれ、この食べ物で食いつなぐ毎日だった。

部落の人が播いておいてくれたそば畑を、父母が一カ月もかかって刈り取ったそばが唯一の収穫物だった。それを朝から石臼で挽き、そのそば粉でそばを打ち、やっと夕食に間に合わせるという生活だった。

北海道での生活の保障を約束していた日本政府は「戦争に負けた」という理由で、何もしてくれなかった。受け入れてくれた部落の人々の好意に助けられながら、疎開させていて焼け残った衣類を売って馬や、農具を購入し不慣れな農業生活が始まった。部落から借り受けた五町歩の畑は、「すかんぽ」しか生えないような痩せ地だった。

お百姓などしたことのない父と、埼玉の農家でも、親は教師だった母にとって、北海道農業は初めての経験であり、見よう見まねの手探りの毎日だった。

子どもの私たちも学校まで二キロの通学は初めての経験だった。春から秋まではまだ良かったが、冬になって大雪が降ると、長靴を持っていないため、学校を休まなければならなかった。

近所のおじいさんが、とうもろこしの皮で雪靴を編んでくれた。水が浸み込まないように、足に布を巻いて履いたが、雪靴はカチカチに凍ってしまい、外で仕事をした母や姉は、足が凍傷になってしまった。

入植して間もなくのこと、釣瓶《つるべ》井戸が地震で埋まってしまった。お隣の家まで三〇〇メートルあまりの距離をもらい水。毎日天秤棒を担いで何回も往復し、私たち子どもも手伝った。雪に降りこめられて水汲みが出来ない時は、雪を溶かして水を作る生活だった。大鍋に山盛りいっぱいの雪もやっと溶けてみれば鍋底にほんのちょっぴり。バケツで何回も何回も運んできては継ぎ足して、ストーブの上は一日中水作りに追われた。

お風呂も隣の家まで貰い湯に行った。顔も洗えず登校したこともある。

※中上清川から西清川へ移住

防風林になっていた三町歩の柏林は、「開墾すれば自分の土地として払い下げられる」という条件になっていた。そこが本来、私たちの住むべき土地であったようだ。入植三年目になって中上清川から西清川へ、部落の人たちが建ててくれた、藁ぶきの小屋に床板を張っただけの家に、我が家は移住した。当初の家から二キロほど離れた所だった。

耕作していた畑地も、基線三七号から西三線三六号に交換された。畑の一角に焼き場のある土地だった。もう一つ、引っ越した家の近くの土地は、ぜんまいが生えるような湿地帯と隣り合わせていた。家の前の西三線の道路わきを小川が流れていて、小さい弟はジャブジャブと体を浸して遊んでいた。母がおやつに小豆の寒天寄せをよく作ってくれたが、小川に冷やしておいたら、誰かに手づかみで食べられてしまったこともあった。

西清川の家はポンプ式の井戸だった。夏は冷たいおいしい水が飲めたが、冬になると水が枯れてしまって、また水汲みをしなければならなかった。小川に注ぎこむ湧き水を見つけ、井戸水が出てくるまではその水でしのぐ生活が毎年続いた。

※母の死、そして祖母の死

西清川に移った入植三年目の秋、母が体調を崩し死産した。生活に追われてなかなか病院に行けぬまま、無理な生活を続けていたが、ある夜突然出血した。父は仕事から手が抜けなかったので、小学六年の私が付き添って十勝鉄道に揺られ、やっと帯広厚生病院に行った。

受診後、医師から「子宮がん、手遅れ」と、本人に直接告げられてしまった。子どもの付き添いでは本人に告げるしかなかったと思うが、あのころはがんを本人に告知することはなかった。

ショックで帰宅したまま寝込んでしまった母は、再び大出血で入院することになった。父が付き添っていたため、我が家は留守を守る私を中心に、祖母、妹、弟の四人で、しばらく生活せざるを得なかった。

畑仕事は近所の人が助けてくれたと思うが、どうしていたか覚えていない。祖母が食事の世話をしてくれたが、馬の餌になる草を押し切りで切ったり、水をやったり、農家の諸々の仕事が、小学六年の私の肩に一手にかぶさってきた。

夕方になると病床の母を思い、ひとり神様に祈る切ない毎日だった。

そして母は、コバルト照射とモルヒネ注射のみで、回復の見込みのないまま、本人が希望して家に帰って来た。毎日、痛み止めの薬が切れると苦しみだした。私は脇腹を押さえてほしいと言われ、気休めのような看病を繰り返した。

半年間、病に苦しんだ母は、学校生活を中断して東京から看病に戻って来た姉に後を託し、一九四九年四月五日に息を引きとった。四五歳だった。

巳年生まれで「降られ女」と言われた母は、通院、入院、帰宅の時、いつも雨や雪に祟《たた》られた。

亡くなった時も大雪で、焼き場まで行けず、我が家の畑の隅で、部落の人によって荼毘《だび》に付された。両親を早く亡くし、生涯苦労ばかりで報われなかった母の一生だった。

家の雑用をしながら母に代わって、五歳になった弟を育ててくれた祖母も、それから九年後、九一歳の誕生日を境に、老衰で眠るように亡くなった。若い頃から甘い物などあまり口にしなかったのに、時々、東京の老舗の和菓子を懐かしんでいた祖母だった。

＊勉強もままならぬ学校生活

母を失って、父は中学一年の私を相棒に農業せざるを得なくなった。私はたびたび学校を休んで、家の仕事を手伝わされた。一年間に一カ月位休むことが続いた。

高校は帯広農業高校の定時制に行くことになった。クラスの数人は帯広市の三条高校普通科に進学し、農家の子どもも帯広農高の全日制に行ったが、私は家の仕事を手伝うため、諦めざるを得なかった。

定時制課程は一九四八（昭和二三）年に発足したが、農家の子弟の教育を目指したものだった。春から秋の間は、家の農業に従事しながら毎月一回登校して授業を受け、冬期間は毎日通学するという制度であった。私は友人と一緒に寄宿舎生活をして授業を受けた。寄宿舎では家から食糧などを持ち寄り、賄の小母さんを頼むことが出来るようになるまで、当番制で自炊した。

※父の怪我で休学

高校三年の夕方だった。仕事帰りに馬が急に走り出し、必死に止めようとした父は、馬の後脚で強く蹴られて、肋骨を折る怪我をした。馬車を持てなかった我が家では、物資運搬用の軍隊払い下げの輜《し》重《ちょう》車が馬車代りだったので、運悪く、馬の脚を避けようがなかったためだった。

仕事も出来ず、治療代などもかさんでしまった我が家は、生活保護を受けることになったが、私が高校に通っていては生活保護が受けられないとのことで、一年間休学しなければならなくなった。生活保護を受けるほどの家の子弟が、高校で学ぶなど贅沢だという考えによるためである。随分古臭い、無茶な考えだと怒りが湧いたが、受け入れるしかなかった（その後、今ではエアコン設置許可などと共に、改正されたと聞く）。

休学中、私を気遣って同級生の親友が燕麦《えんばく》刈りを手伝いに来てくれた。二人で仕事をやり終えて、私は彼女の励ましに、どんなに力づけられたかしれない。

※農作業の日々

高校卒業後も家の農業をやらなければならなかった私には、夢も希望もない毎日が待っていた。湿地のような土地を、一頭引きの「プラオ」で畑起こしするのは、足を一日棒にしてもなかなかはかどらず、焦って鞭をくれる私に、馬も口から泡をふき、白眼をむいて振り返り、私と馬の格闘が続いた。今でも、あの馬の白眼は忘れることが出来ない。

春の耕作から、種まき、秋の収穫まで、近所の農家のように仕事がはかどらず、何でも遅れた後追い作業であった。わが家の畑は炎天下四〇度の草取りに励んでも、いつも雑草だらけだった。当然収穫量も少なかった。

秋には芋掘りや豆刈りが待っていた。六〇キロの豆俵を運ぶのは、私の手にあまった。馬車の上げ下ろしにもたついている私を、お前が男だったらという顔で見ている父が分かり、何ともやりきれなかった。

何より辛かったのは、腰が痛くなって、作業が続けられないことだった。豆刈りは、百間の畦《あぜ》三本を鎌で刈っていくのだが、向こう岸まで腰を曲げたまま、豆を刈っていくことができなかった。しゃがんだり、背伸びしたり、ごまかしながら作業を続けることは苦痛だった。

❄家出同然の帰京

私は将来への見通しのないまま、老いて体が動かなくなるまで、働き続けることに不安を感じ始めていた。父娘の関係はだんだんぎくしゃくし、些細なことでいさかいが絶えなくなった。反抗的な私に父が手をあげたことがきっかけで、私は飛び出したまま、二晩を近くの空き家で過ごして帰らなかったこともある。それ以来、父が私を叱ることはなくなったが、冷たくなった関係は変わらなかった。

妹と弟の帰京（妹は中三終了時、弟は中三になった時）に続き、姉の手配でお世話になる家が見つかった私は、保母資格取得の目的で帰京する。父と口論の末に帰京を決めた私は、家出同然のようにわが家を後にした。三月末の寒い朝だった。

戦争によって、もたらされた貧乏、ばらばらにさせられた家族、もうたくさんだった。私は親になることが怖かった。家族を持つことが怖かった。漠然とした未来の中で、どんなことでも、ひとりなら耐えられる。それだけをしっかり胸に刻み込んだ脱出だった。

❄保母養成所をめざす

私がお世話になるS家は、格式ある家庭で私は「家事手伝い」として、住み込みの生活をすることになった。私の仕事は、プライベート以外の場所や部屋の掃除と、食事作りの手伝い、来客の接待の下働きが主であった。

一年目は午前中に掃除を終えると、昼食後は夕食の準備までの時間を、保母養成所受験準備の学習に使わせてもらった。保母養成所に合格後は、夜間部の始まる前に家を出て、授業が終わるとまっすぐ帰宅する生活だった。

都立保母学院は今はなくなってしまったが、授業料も教科書代も無償で、お金のかからない学院だった。自分の部屋と食事を保障してもらい、衣服も譲りうけ、お給料ももらえる生活で、私は何とか自活してゆける見通しが立った。

同級生は花嫁修業のためと称して勤めながら夜の授業を受けにくる人、高卒で私立の保育園の助手をやっている人などさまざまだったが、貧しくぎりぎりの生活をしている人が多かった。

授業が始まる時間に駆け込み、先生の話を聞きながら菓子パンを頬張る人が多く、先生もそれをとがめることなく授業を進めていく。はじめは、何て行儀の悪い生徒たちだろうとびっくりしたが、朝から晩までろくに食事も摂れずに働いている身になれば、仕方ないことだと理解した。

夕食を済ませて登校し、授業が終わって帰ると、冬などは部屋に行火《あんか》を入れてくれている家に住まわせてもらって、私はよほど幸せだった。

学院では、毎年文化祭の行事があった。私は演劇部に入っていたが、活動は夜九時の授業が終わった後に始めるので、文化祭が迫ると帰宅が遅くなる。毎晩一一時過ぎに帰宅する私は、S家の人たちに何をしているのかととがめられることになり、うまく説明できなかったこともあって、遅い帰宅を了解してもらえなかった。

S家には二年間、大変お世話になりながら、お暇することになった。

❋N子ちゃんとの出会い

学院生活二年目は、私を心配してくださった方のお世話で四畳半一間の古びた離れを借りて自炊する生活になった。

私はK家の家事手伝いに変わったが、ダウン症のN子ちゃんの通学のつきそいをし、学校へ送り届けた後、掃除、洗濯と夕食作りをして、夜間の保母学院に通い続けた。

貧しさに変わりなかったが、自炊生活は自分の考えで時間をやりくりする自由があり、一年早く保母になった妹に衣服や身の回りの援助をしてもらい、楽しく充実した学院生活を送ることができた。

N子ちゃんは人なつこい女の子で、毎朝お迎えに行くと朝のテレビドラマ、獅子文六の「娘と私」に首ったけで、主人公の娘が大好き。「マー公！　マー公！」と、ドラマが終わるまでテレビの前をテコでも動かず、通学している学園はいつも遅刻だった。

学園には電車に乗って通ったが、ある時車中で、前に座っていた男性にペッと唾を吐きかけた。私は「すみません」と通りいっぺんの挨拶をしたが、N子ちゃんは男性のさげすんだような表情が分かって、仕返しをしたのだった。

私は天真爛漫なN子ちゃんが大好きだった。お互いに気が合って、毎日が楽しかった。私が学院卒業後、障碍児学校の仕事を選んだのはN子ちゃんとの交流があったからだと思う。

一九六二年四月、私は都立青鳥養護学校寄宿舎の寮母となった。

※一八年後に父「帰京」

柏林をあてがわれた父は、夜明け前に細い柏を鍬で抜根する作業を細々と続けながら開墾してきた。自分の土地になったその土地を整理し、教師の資格を取ってひき続き教員をしていた姉と共に、やっと東京に戻ることが出来た。

一九六三年春、北海道に渡ってから一八年の歳月が過ぎていた。

あの戦争がなかったら、私たち家族は家を焼かれることも、北海道の開拓に行くこともなかったと思う。どん底生活の中で、再び東京に戻れぬまま亡くなった母と祖母のことを思い出すたびに、私の胸は痛む。

そして同じ東京で空襲を受け、北海道へ渡った開拓団の人たちはその後どんな生活をしただろうかと、それぞれの行く末に思いを馳せるのである。

【二〇二〇年一一月　記】

（鵜澤良江さんは、前出の鵜澤希伊子さんの上の妹さん）

Ⅲ章

北海道各地に入植した人々が語る拓北農兵隊

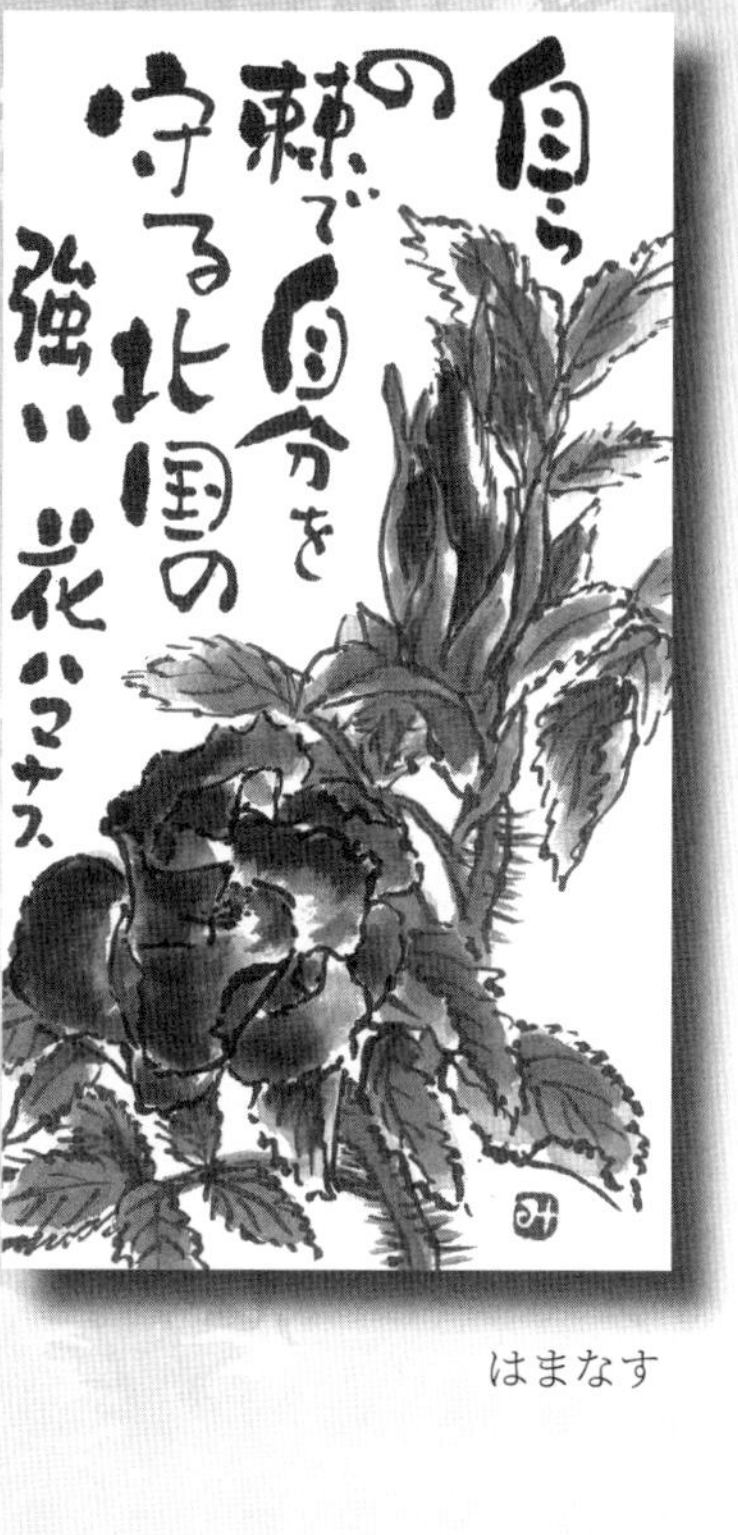
自らの棘で自分を守る北国の強い花
ハマナス

はまなす

私は終戦一ケ月前、北海道へ渡つて来た。背にも手にも重すぎる荷物をもつてかなしくよろけて歩む帰農団の一人として、東京の焼野からはるばると来たのだ。始めて見た北海道はどうだつたろうか。

灰色な空がひろがり、細い煙のような霧が心を濡らしてひろがつてゐるばかりだ。

戦に疲れた人々、家を焼かれ、父母、妻子を失つた人々、そして心まで失つた人々、私も長年愛してゐた句帳さえ持たずに、泥縄のごとくおとろへて、うらぶれて方向を失つてゐた。

豊頃村、あゝそこには私達を待つてゐたのは泥炭地だつた。白樺林であつた。「布団の上を歩いてゐるやうだ」と妻も言ふそのところに、家を建てゝ、三年ともかく生きのびた、でん粉粕のだんごと、えんばくの常食で蒼黒く痩せて、木を伐り、根を抜いて生きた。

これは第二次拓北農兵隊として十勝支庁の豊頃村に入植した俳人・細谷源二『砂金帯』の自序の一節である。

Ⅲ章は、〝来れ、沃土《よくど》北海道へ〟のスローガンのもと、北海道各地に入植した人々が語る拓北農兵隊の体験記を紹介する。配列は一九四五年七月〜一〇月までの入植順。

1 世田ヶ谷部落

江別町入植　山形　徳一

――山形さん、お生まれはどちらですか。

山形　生まれたとこは京都の西陣に近いとこ、五番町の近くですよ。一六歳ぐらいまで京都にいたんですがね。そして家をとび出して誰しもやるようなコースで、上海に行きたかったんさ。ところが旅券がとれないしね。神戸から台湾へ行ったんさ。そこから上海に渡ろうとしたのだけれどできない。金は一日一日なくなるし、台北に行ってしばらく働いた。

――東京に出たのはいつ頃ですか。

山形　えぇーとね。東京は昭和のはじめだったね。それまで京都のマキノ撮影所創立まもなしでね、そこに入ったのさ。

――役者になったのですか。

山形　はじめね、俳優で入りたかったんだけれどね、入れないからね、照明部に入ってね、そいで俳優に転向したんだけどね。その時モメてしまってね。そんなことしたら皆が裏方よりかハデな俳優の方がよいっていうね（笑）。駄目だという意見が出てね。それでもその当時喜劇俳優で主演やったり監督までやったりね、たいした羽振りのよかった中根竜太郎が、まあ、まあ、ということでね。先生の顔でオーケなったわけさ。

――そこにずうーっといたわけですか。

山形　片岡千恵蔵だ、寛十郎だって、みな脱退して独立プロやったんですよ。そこで中根師匠も独立でやるっていうんで、やっぱりついていかなきゃあならんわけさね。だから、それからまあ、苦労がはじまったようなもんさね（笑）。独立プロ九州で旗上げだっていうんで九州に行ってね。うまい話でいったんだが（笑）、結局、資本家がいなくてね、潰れてしまってね。そんで、まあ、映画の合間のアトラクションという、その当時いろいろやったわけさね。そんなのを旅から旅やってね。

――東京の世田ヶ谷に落ち着いたのはいつ頃ですか。

山形　うぅーん。エノケンさんの下で山形凡平という芸名ではたらいてね。それから東宝の方から話があってね。浅草から通うの大変だから、そんでまあ、砧に住まっておったわけ。東宝に八年半ぐらいいたんだね。一〇年勤続の表彰もらえるわって思っていたら、戦争がひどくなってね。子どもは二人学童疎開で長野県の方に行って一緒に暮らせないわけさね。

――拓北農兵隊に入って江別にくるようになった切っ掛けはなんですか。

山形　それはね、砧で防空部長させられてね。空襲警報だ、それ避難せよとか、メガホンもって走りまわったりする。夜、空襲きたのさ。それで防空壕に入って様子みていたら高射砲の音やら、飛行機の音が聞こえるしね。そしたらチラチラって大きな音がしてね、屋根がトタンだからね。はあー、焼夷弾落とされたなあーってね、半分腰抜けていたね（笑）。それでも外に出て一回りしたらね、焼夷弾がおっこちたようでもないしね。なんの音だろうとあくる朝みたらね、焼夷弾の金のバンドがうちの屋根に落ちて、前の畑に焼夷弾がバラバラ落ちていてね、まるで仕掛花火みたいようなもんさ。青々と火が出てね。

こりゃあ、もう、ひとつ間違えばやられるところだったからね。どうせ死ぬんなら、もう親子一緒にね。子ども助かっても苦労するだろうしね。そしたら、ちょうど拓北農兵隊の募集があったわけさ。新宿出たら、その頃講演をやってるわけでね。それで聞いてみたの。子どもつれていけるかって。そしたらいいっていうわけさ。さっそく世田ヶ谷区役所に行って申込みしたのさ。そしたらごらんのように俺、背が低いでしょ。そして俳優ずっとやっていたからね、生っちょろい顔してね。力のなさそな感じでね。お前、なにいっているんだって怒られちゃってね（笑）。何回行ってもペケさ（笑）。

――それが、どうして江別にこれたのですか。

山形　早耳の人は終戦が近いということを知ったものだから、届けをとりさげ、だんだんその数が多くなったので俺みたいに価値のない男でも、人数の中に入れなきゃあならん、っていうので、まあ、繰りあげ当選だなあ（笑）。そういうんでね、開拓者のひと家族に編入されたわけさ。上野の小学校に集合っていうわけでね、その時ここにきた人は初顔合わせで、その時町村金吾さん、あの人が警視総監で金ピカの服着てね。見送りのあいさつしてくれた時に、私の兄貴が江別で酪農やっております、ってね、はげまされてね。上野から臨時列車に乗ってね、函館、小樽、札幌、野幌ってきたわけ。野幌の天徳寺で婦人会やら有志の人がきて、あいさつ受けて、そしたら機農部落とか対雁とか受入れ農家の人たちが馬車でむかえにきてね。

――天徳寺で今後の身のふり方なんかを相談したわけですか。

山形　いや、もうそれまでにちゃんと手配できていたんだね。山形は機農の鈴木正勝さんの家とかね。もう、ちゃんと出来ていたんだね。馬車に乗ってずっと野幌の高台からずっと見渡せるでしょう。あの時は、なる程北海道ってすごいもんだなあって（笑）。ここら辺りなんかかすんで見えないぐらい。

――機農部落の鈴木さんのところで農業の見習いをするわけですね。

山形　朝早くから日暮れまで草取ったり、また馬耕するときはタズナもたしてもらったり、プラオもったり、失敗したりしながら見よう見まねで手伝いましたよ。

――角山のここに入ったのはいつですか。

山形　普通は雪の降る少し前に入ったんですよ。俺はちょうど機農部落ではやり病にかかって、子どももかかって、屋根の笹を刈っていたときに。それでもう家の方は中止になってしまった。

――家の建材はどうしたのですか。

山形　それね、野幌の原始林にね、道の方で、この丸太切ってもいいっていう印してもらって、みんな野幌の農家でノコギリ借りたりしてね。そして一二尺の長さに引いて、なかには太いのあるからね、二人では担げないで三人して山から道路までおろして。小さな鋸ならいいけど、大きなはじめて見る鋸でね（笑）。そこから江別の馬車組合の人がきてくれてね、現地のここまで運んでくれた。

――どんな家ですか。

山形　みな相談していたけどね。うちの場合、四間と二間半。その四間のところへ一間半ちょっと馬小屋にしてね。その時、俺馬をもっていたからね。

――江別にきてから買ったのですか。

山形　いや、買ったんでない。我々団体にね、軍馬かなんか配給になったの。生ものだから誰があずかるかってことになってね。私が管理することになってね。市役所からも馬と一緒に燕麦が二〇俵かな、三〇俵ぐらい一緒にね。なんの作物もないしね、春起こししなければならないしね。残っていた一八戸かなあ。それで一頭だからね。

――そうすると人の住んだのは、どの程度のひろさですか。

山形　二間半四方ぐらいで、そこに配給になったルンペンストーブを置いて。明かりがないわけさね。その当時、なんの油か知らんけど、石油カンに入れて堅いろうみたいのが入ってきてくれたの。それを昔映画かなんかで見たようにね、布や紙のこよりかなんかを油のところに灯芯みたいにしてね。そのうち札幌に出てランプみつけてね。

――たべものは配給ですか。

山形　そう。リック背負って江別の配給所に行ったね。月に一斗二、三升だね。その当時、俺なんか馬が配給になったから馬車がいるわけさね。馬車を都合するのに金はないしね。

電気蓄音機をもっていたのさ。それと馬車をツーペーで交換したのさ。そんなのもっていたって電気がなければ宝の持ち腐れだから。そいで背鞍なんか買ってさ。配給があると五、六人乗って江別まで行ったのさ。

――土地はどのくらいですか。

山形　七町五反配給になって、そいで、家建てる頃になってやめる人が出てきたの。手に職あったり、頭の良い人はマチに出て自立するってわけで、三二世帯が一八戸かな、へったわけさ。そんなんで土地があいたから石狩支庁で二町五反歩増反してやるっていうのさ。だから一〇町から一一町になった。

――それは無償だったのですか。

山形　一般の人から無償ということに批判が出たのでね、最終的に年賦になったけど、俺の記憶にあるのはね、一五〇〇円なんぼでね、一〇町払い下げになった。

――じゃあ、この辺はみんな一〇町一五〇〇円なんですね。

山形　うーん（笑）、おそらく面積に応じて一六〇〇円ぐらい出したのが最高じゃあないのかな（笑）。

――年賦たって、なんぼもかからなかったんではないですか。

山形　いや、あの、なんも取れない時ですからね。二年目頃から小豆蒔いたね。陳情したりなんだりしてね。養鶏やれって一万円資金降りたね。結局みんな失敗さね。その頃排水からイタチが出て夜中に首をもいじゃうわけ。ひどい時には一晩に三羽ぐらいやっちゃうわけさ。綿羊もかった。

――入ってから二、三年は畑からの現金収入はなしですか。

山形　そうね。おおよそなし。そのかわり役場から生活保護くれたのさ。まあ、竹の子生活さ。俺でもね、三〇〇〇円ぐらい持ってきた、東京からね。一番多い人は二万円ぐらいもってきたが、俺で二、三番目ぐらいだった。

――配給のほか、たべものはどうしました。

山形　そいでね。カボチャやジャガイモを買ったりしてね。ひどい時になったら豚にやるイモをね。半分腐ったようなもんだけど、なんとか煮て、団子みたくして焼いたら食べれんことないっていわれてね。それをもらいに行ってね。それに正油粕っていう牛の餌ね。それをもらってきてね、うまくなかったねえ（笑）、粕だからねえ。家畜場にあるのをうわまいはねるのだからねえ。その時はね、俺だけでなくてね。みな困っていたんだからね。けど俺ら開拓者なんだという精神があるからね。もう乞食に隣り同士のようなもんだから、恥ずかしいもへチマもないからね。そいで、ここらに一応排水を掘った。その泥炭水をね、ずうーっと米といだり、飲み水になったりね。

――井戸はなかったのですか。

山形　いや、井戸掘ってもね。湧いてくるのはウイスキィーみたいな茶色の水だ（笑）。かなりたってからもお茶の青い色がしないんだ。ウイスキィーの濃い色のお茶になってね。味もお茶の味が消えちゃってね（笑）。それで、よく病人も出なかったものね。

——御飯を炊くのも大変だったでしょう。

山形　まあ、なければ人間どうにでもなるんでないでしょうか。

——冬は大変だったでしょう。

山形　そうですよ。何度江別の電業所に電気つけてくれって陳情したかね。こっちみると札幌の赤い灯青い灯が見えるでしょう（笑）。見ると当別の山の上に電気がついてるわけさ。その中間にいて電気つかないなんて馬鹿なことはないって。金出したらつけてやるっていうわけさね。そんな金ないしさ。ほいで国の開拓予算が入ってきてから、やっとついてね。それから文化生活が出来るようになってね。それまでは本当に悲惨なものだったね。

——ここに来た人は東京に住んでいて文化的な生活になれ親しんだ方ばかりだったから、電気もないということは相当こたえましたね。

山形　そうですよ。ましてね、浅草六区に三年半いたんだからね。あんなイルミネーションやら日本一明るいところから電気のないところへきたのさ（笑）。も、なんだかんだいって国が開拓予算を出してくれたからね。耕馬を買うのに、やっと一万円の金が降りたら、買うのに四万も五万もしたり、住宅資金五万円降りたら一七万円ぐらいかゝるとか。インフレだったからね。

——山形さんの農業経営はどうですか。

山形　四、五年たってから小豆、大豆ね。農協の人がよく出来たって感心していたね。それと二、三年してからだなあ、部落でスイカ作って、よく出来るんでみんな真似してつくったなあ。小豆も三年以上連作すると駄目だね。転作がいいっていわれたってね、わかんないんだな。その当時開墾すると一反いくらって石狩支庁から金がおりて、ずーっと生活費の援護射撃はつぎつぎとやってくれたわけだね。

――酪農にかわったのはいつ頃ですか。

山形　四、五年たってからね、貸付牛といってね、雌牛を借りてね。仔を産むと仔を一年かな、育てあげて返すと自分の責任が消えるわけ。大きくなって乳が出るようになったら牛乳が飲めるという気持あるし、それを出荷するようになったら月々月給取りみたいに金が入るということだしね。収入ばかり考えてね（笑）。設備に大きな金がいるなんてね（笑）蓄舎を建てるったってね。住宅は粗末でも、れんがとかブロックの暖かいのを建てなければ駄目だという指導でしょう。そうすると資金を申込んで――インフレだからね、一〇万円の金借りたってね、建てる時には二〇万も三〇万もかかる。

――経営が安定したのは三〇年代になってからですか。

山形　いやあ、今でも安定しない（笑）。

――角山に入ってから三〇年たったが、特に忘れられないようなことがありますか。

山形　苦労の連続だからね。もう乞食と隣り同士のような、精神状態もそうだからね。そう苦労と思わないわけさ。うれしかったことは息子たちに嫁さんが決まったときだね。疎開したりしてたから勉強もできなかったから、校長にもう一度六年生やらしてくれないかと交渉にいって、ああ、そりゃあいい精神だ、どうぞどうぞと許可はおりたけど、やっぱり手伝ってもらいたいからね。実際には学校に行かないで、畑起こしの手伝い、除草やってもらったりね。

――三〇歳からの出直しだったから、大変でしたね。

山形　そうだねえ。戦争の恐ろしさ。もう、こりゃあ命はない、そんな緊張感でやってこられたのさ。だから、よくね、世田ヶ谷区役所で恐ろしいから逃げていくんだべと言われて、いや、そんなことはないっていったけれども、腹の中は逃げて行く気持さ（笑）、みな、おそらくそうだろさ。

（一九七八年一〇月二四日）

（出典：「語りつぐ江別物語」刊行編集委員会編『語りつぐ江別物語　親から子へのおくりもの』所収、一九七九年刊）

2　拓北農兵隊手稲分隊の入植の経過と苦悩

手稲村　村元　健治
（手稲郷土史研究会会員）

※いまなぜに拓北農兵隊か

拓北農兵隊が昭和二〇（一九四五）年に手稲曙地区に入植して早、七〇年近くなろうとしている。今や同地区はすっかり住宅化されて昔の面影を残すものもないが、東京杉並区の一六戸の戦災被災者が、この地区に入植し、血と涙と汗の果てに今日の曙の繁栄の基礎を築いたのは紛れもない事実だ。

そのことが意外と知られていない。とりわけ若い人はまったく知らない。

開拓に関わった当事者も残り少なくなった今日、その取り組みをきちんと掘り起こし、後世に伝える必要があろう。

簡単に、拓北農兵隊手稲分隊の概要を紹介すると、一九四五年七月に東京の杉並区の農業経験のない様々な職歴の戦災被災者たちが、疎開と食糧確保のため政府（内務省）が立てた北海道に入植させる事業（北海道集団帰農者募集）に応募して、手稲村の曙地区に入植し、様々な困難を乗り越えて、今日の繁栄の基礎を築いたというもの。

戦争末期の混乱の中で、受け入れ態勢も十分でない中で緊急かつ応急的に事業が進められたために、宣伝計画されていた内容には程遠い現実が待っていて入植被災者たちは塗炭《とたん》の苦しみにあった。

それらは住居、食糧、土地問題に象徴されたので、改めてこれらの苦悩について紹介することにしたい。

〔住居問題〕

計画では用意されているとあったが、現実にはそのようなものではなく、用意されていたのは元牛舎という代物だった。牛の尿が強烈に漂う窓も無く雨漏りのする狭い部屋に雪が降るまで収容された。

この後、近くの落葉松林を伐採して、素人ながらも掘っ立て小屋を建て、入居するも地吹雪の激しい同地区で、初めての厳寒の冬を、死ぬ思いで耐えなければならなかった。

〔食糧問題〕

計画では主食の配給を約束していたが、現実には遅配気味の上、その量も決して十分なものではなかった。持参の食糧も無くなり、止むなくワラビを採取するとともに食糧確保も兼ねて援農にも出たが、受入農家から歓迎されるどころか農業経験なし、栄養失調状態での労働ゆえ、不信すら持たれる始末だった。

厳寒を迎え、栄養失調からくる餓死者を出すのみならず、ようやく春を迎えてからも二人目の犠牲者が出るなど大変な状況に直面した。

〔土地問題〕

計画では、とりあえず一町（約一ヘクタール）を無償貸付し、その後一〇～一五町を無償貸与もしくは付与するというものであったが、現実は入植当初も割当農地は決まっておらず、ようやく二年目に地主の好意で、わずか三反（約〇・三ヘクタール）の土地しか借りられないという状況だった。その後、三町、四・五町と割当がされていったが、この土地問題では特に問題であったのは、過去の入植者たちも逃げ出すような泥炭と湿地の混じる、いわく付きの土地だったことである。要するに誰も入植したがらないような悪条件の土地に入植させられたということであった。

このために入植者たちは、その後開拓農協（手稲曙開拓農協）の下で、一〇年間にもわたる土地改良、客土事業に取り組まざるを得なかった。

＊終戦間際の混乱期の棄民政策だったのでは

以上紹介してきたように、計画約束されていたはずの内容が全く現場では、なされていなかったといえよう。

彼らをして非常な苦難・悲劇をもたらしたのは、上記で指摘したように、この事業・施策が終戦間際の混乱の中で打ち出されたものだったことにより、十分な態勢がとられていない状態で進められたことに起因している。

とりわけ入植者たちを打ちのめしたのは、終戦により計画推進した内務省自体が消滅することにより、拓北農兵隊も存在しなくなるという状態に陥ったことと、その後の関係機関の不誠実な対応に直面させられたことであった。

その意味で、この拓北農兵隊は、かつての屯田兵とかその後の戦後緊急開拓事業等と比べても、比較にならない苦難を強いられ、その意味では棄民政策でもあったと思われる。

（出典：手稲郷土史研究会会報『郷土史　ていね』第六四号所収、二〇一三年四月一七日）

ほおずき

3「一四歳で拓北農兵隊の一員として」曙の地に入植

手稲村入植　田中　篤之助

現在の地名でいえば、新宿・歌舞伎町に住んでいました。米軍による首都空爆が相次ぎ、焼け跡の整理と遺体搬出に動員された日々でした。私は海城中学一年でした。小学校六年から机を並べて勉強した記憶がありません。昭和二〇年六月、練馬の豊島園で開かれた父の勤務する保険会社の運動会の帰り、父が「北海道へ行く」と突然言い出しました。一四歳でした。

警報が鳴らなかった七月六日、一家一一人で上野から列車に乗りました。弁当も水も出ず、トンネルの中で機関車だけがどこかに行ってしまって置き去りにされたり、津軽海峡では潜水艦の攻撃がありそうとの情報で連絡船が出ず、九日まだ明けきらない軽川《かるがわ》駅（現・手稲駅）に着きました。私たちは、長い列車の最後尾にいました。「杉並隊は降りろ」との大声で、私はホームがない線路に真っ先に飛び降りました。拓北農兵隊第一号となりました。

軽川小学校（現・手稲中央小）で休み、藤の湯の風呂が用意されていました。小さな子どもたちがキャツ、キャと喜んでいたのを覚えています。手稲神社で入植式が行われ、用意された馬車に荷物を積んで、その後を歩きました。どこまでもまっすぐな樽川道路が不思議でした。あてがわれた宿舎は牛舎の廃屋でした。異様な臭気がしました。一六世帯の共同生活が始まりました。ムシロを下げただけの粗末なものでした。見ると聞くのとでは大違いでした。親たちの嘆息が頭にあります。

持ち込んだ食料はたちまち底をつきました。自生するワラビがいっぱいありました。これを米に混ぜて食べるのです。みんな黒いウンコをするようになりました。樽川道路は三本の筋が深い溝になっていました。馬が足を運ぶ道に馬車の両輪の跡です。前方から馬が来ようものなら大変です。交差できないのです。馬車には必ずスコップを積んでいました。重い荷物を運ぶとき、溝がしばれる冬に早くならないかと思ったくらいです。

入植してすぐ終戦になりました。既存の農家にすれば、農兵隊は異様な集団と見られました。あるとき、草取りの援農に出かけました。すると、大人は畑に入るなといわれました。私たちは会社員、指物屋、大工、経理屋、役人、警察官らで、およそ農業とは無縁の人ばかりなので、作物と雑草の見分けがつかないのです。作物を摘み取って、雑草を残してしまうのです。

開拓の手が入らない荒地でした。起こしても地力のない泥炭でした。タネは支給されるものの芽がでません。三俵まいて一俵しかとれないこともありました。タネを食べたことも再三です。脱落して帰京する人もでました。札幌で勤めを始めた人もいます。手稲本町の弥彦神社の土で客土しました。手稲鉱山のズリを貰い受けて道路に敷き詰め、やっとトラックが出入りできるようになりました。

（出典：手稲郷土史研究会会報『郷土史　ていね』第二一号所収、二〇〇九年九月九日、田中篤之助さんは『白雲を眺めて』を書いた田中草門（本名美乃助）さんの長男）

4　空襲下の東京から北海道芽室へ

芽室町入植　樋詰　つる

私は、一九二五（大正一四）年三月七日、東京都芝区白金三光町で生まれました。父は鉱山機械を作る会社の木工部に勤めていました、家は平屋で、門がある社宅でした。庭には大きなビワの木がありました。なだらかな丘陵が広がり、近所には北里研究所や聖心女学校がありました。今はすっかり変わってしまいましたが、緑に囲まれたとても静かなところでした。小学校は三光尋常小学校に通っていました。一年生の時から参宮貯金（伊勢神宮参拝のための貯金）といって、芝区内の何校かが一緒に伊勢神宮、熱田神宮、二見が浦、京都の神社等を臨時列車で見学していました。

この時、私は乗り物酔いがひどく、何も食べられなくて散々でした。この頃の楽しくうれしい思い出としては、家に風呂がなかった時、銭湯の行き帰りにみつ豆やアイスクリームを食べ、家にはアイスモナカをおみやげに買っていったり、父の給料日には友だちのすし屋さんから配達してもらい、大きな皿の生寿司を美味しく食べたことや、「八の日」には雷神様の縁日で夜店が出て、バナナの叩き売り、金魚すくい、安本市などが楽しい思い出として残っています。

一九三七（昭和一二）年、尋常小学校を卒業し、三田高等科に入学し、卒業後田村郵便局に勤め、その後四谷郵便局に採用になりました。私は、団体貯金の係となり、素晴らしい人たちとの出会いがありました。北海道に来てからも年賀状のやりとりを続けていました。

一九四五（昭和二〇）年に入ってから益々空襲が激しくなり、大体皆が寝静まった頃、空襲警報が鳴って、はじめに偵察機が来てあちこちに落下傘がついた照明弾を落とし、明るくなった所へB29が来て、焼夷弾を落としていくようになりました。

三月一〇日の東京大空襲の二日前の三月八日は、母の亡くなった日です。連日の空襲で母は私たちには、「防空壕へ入れ、自分はもういいから」と言い入りませんでした。死期が迫っているのを感じていたのだと思いました。お棺に入って祭壇が出来上がっていました。

九日の（通夜）から一〇日にかけても空襲がありました。

空襲警報と共に夜、頭巾をかぶり、どのあたりか心配で外に出たとたんにB29が低空で家の方へ向かっていました。そして、パラパラと焼夷弾が落とされ、それが斉藤さんの家へ「それっ」というかけ声で消火に走り、オーバーを着ていて動きにくいので、向かいの奥村さんの入口に放り出して駆けつけましたが、火の回りが早くて手のつけようがなかった。西の方が大火になって、昼間のように明るくなり風もすごい。こちらの方に火の粉がくるようになった。家の前まで焼けたけど、水道の水が出たので、母の祭壇を守るため必死になって家に水をかけ続け、家は助かりました。後で気が付いたら、私のオーバーが燃えていました。

大空襲があった一〇日は母の葬儀の日でしたが一日遅れて一一日に出しました。母が（実家が米農家）新潟からもらって来たお米を持って火葬してもらいました。その後、お隣の斉藤さんの家の焼け跡整理のお手伝いをしました。タンスの後ろに着物が重なって焼けていました。斉藤さんの焼け跡を片付けてから、お断りして畳み二畳位の防空壕を掘り、叔母さんからあずかった桐のタンス（後で北海道に持ってこれて助かりました）や最少限の生活用品をその中に入れました。

五月二四日の空襲で、私の家もついに焼けてしまいました。駅には、家を焼かれた人たち、少しばかりの物を持って切符を買うために並んでいる人がいっぱいいました。後になって残念に思うけれど、家が焼けて荷は軽くなって、皆と同じになってホットしました。父が私のミシンを出してくれました。そのミシンは北海道に持ってこれたので、役に立ちました。家が焼失してから、斉藤さんの庭に、父が大工だったので、バラックを建てて、何とか夜露を凌ぐことができました。お風呂は、風呂屋さんは芋洗う様なものなので、斉藤さんの屋根のないタイル風呂を利用しました。燃料は、その辺の燃え残りでまにあいました。

焼け野原になって、巷では「戦争は負ける、負けたら、女、子どもは別々にされる」など、いろいろな悪いデマが飛び交いました。食糧は一日最低量（切符）でしたので、お腹一杯になる物はないので、街のヤミ屋や農家がほしがる様な物を持っての買出しに行って食いつながなければなりませんでしたが、父が、千葉の航空隊の大工の仕事に行ってたので、兵隊さんからいろいろいただいて来たので、買出しは、しなかったようでした。区役所で北海道の開拓者募集がありました。向こう見ずというか、若さからか、行こうといったのは、姉と私でした。

父は「金もないのに知らない所へは行けない」と言っていました。もっともです。幸い戦災保険をかけた仮領収書がありましたので、姉と二人で保険会社に行きました。たくさんの人が並んでいました。一日で終わらなかったと思います。会社の人に「証書はありますか、仮しかないのは駄目です」と言われ、姉と二人で必死になって掛け合い、五千円出してもらいました。家は焼けてしまったし、先行き不安もあり、北海道で食糧を作って生き延びようと思いました。

一九四五年七月一〇日、上野を出発、連絡船の船底に入れられ外など見られない。私たちの後の連絡船は機雷にやられたと後で聞きました。これも運が良かったとしか言えないことです。

そして七月一三日に芽室《めむろ》に着きました。

この日は私にとって忘れられない日となりました。部落の人が馬車で迎えに来てくれました。行けども行けども着かず、あたりは暗くなるし、だんだん心細くなってきました。やっと、一緒に来た二世帯家族の人たちと会館にたどり着きました。着いてびっくり、電気がないし水道がない。ガスもない。これから大変な生活が始まると思いました。柏の木々が立ち並ぶ所が決められた土地でした。部落の人たちが、かやぶきの家を建ててくれました。

八月一五日は調子がわるいのか、よくわからないラジオで、天皇陛下のお言葉を会館できました。とにかく終わったのだ。

もし戦争がなかったら、私はそのまま四谷の局に務めていて、弟を大学までいけるように頑張ったと思います。「私の人生を変えた戦争は絶対にしてはならない」。

(出典：ピースネット・メムオロ編集『わたしの戦争体験記』第四集所収、二〇一九年刊)

大木

5 思い出を巡りて

美唄町入植　浅野　正千代

❋疎開生活

昭和一五年、東京日本橋に住んでいた私たちは不穏な世相に怯えて、姑と長男正毅（四歳）を連れて、実家の別荘がある藤沢市鵠沼海岸に疎開した。母屋に兄伊藤清一家が住み、私たちは離れに入った。

翌年二月末に次男俊紀が生まれた。一二月八日には太平洋戦争勃発、そろそろ食糧事情も悪く衣料も切符制になって来た。

昭和一七年一一月、陽子が生まれ六人家族となる。

昭和一八年一月、大阪に勤めていた主人の弟に赤紙が来て北支（中国北部）へ出征。その年の四月、正毅が小学校に入学の頃には日米戦争は熾烈となり、毎日警戒警報、空襲警報に脅かされた。お米の配給はなくなり、高粱《コーリャン》（モロコシの一種）と大豆粕がほんの少し、次には干し昆布か身欠《みがき》鰊《にしん》だけとなる。一、二歳児の幼児にどうやって食べろというのだろう。

蛋白質を食べさせたいと、ある日五人で大袋を持って田圃《たんぼ》に入りぴょんぴょんと飛び跳ねる蝗《いなご》を袋一杯持ち帰った。七輪に火を起こし大釜に湯を沸かしている時、俊紀がバタバタする蝗を頭から食べている。どんなに空腹だったのだろう。長い脚だけ捨て、貴重な醤油で煮上げ、子どもたちに食べさせた。

主人は日曜毎に遠くの農家にお米や小麦粉を買いに私の着物を持って出かける。絹の着ものを欲しがりお米一升、卵五個位（代金は別に取る）くれた。

一年生の正毅は、お弁当代わりにサイダー瓶に小麦粉をどろどろに煮た物を入れて持って行く。空襲ははげしく毎日頭上をＢ29が編隊で京浜地帯を襲う。この海岸にも時々艦載機が機銃掃射を浴びせに来るようになった。正毅は登校途中警報が鳴ると道の端に腹這いになって身を伏せる。敵機は操縦士の顔が見える位まで下がって機銃掃射を浴びせかける。動く物は皆やられるので、洗濯物や山羊《やぎ》を飼っている家では皆小屋に入れる。

昭和一八年六月、正毅が突然発熱、掛りつけの医師は軍医として征ってしまったので、片瀬から若い医者が来た。体中の発疹を見てこれは発疹チフスだ、どんどん冷やして熱を下げるようにとのこと。二日、三日と経つうち容態は悪くなるばかり、残念だがもう駄目だといわれた時、弟の出征以来体調をこわし寝込んでいた姑が「正毅はどうか？　どうぞして私が代わってやりたいなあ」といわれた後間もなく亡くなってしまった。年配の医者が老衰と言う死亡診断書を作り、正毅を診てくださったが「これは麻疹《はしか》をこじらせて腹膜炎もおこしている。手おくれかも知れないができるだけのことをしてみよう」と一生懸命手当をしてくださった。

一方、姑の葬式と幼い子たちの世話で大騒ぎだった。正毅は助かった。胸にかけた成田山のお札が真二つに割れていた。六月二五日のことである。

主人は東京丸の内の浅野物産KKに勤めていたので列車が動かず夜中に藤沢から歩いて帰ることもあった。東京大空襲の後、通勤もままならず、体調も悪かったので毎日家で野菜作りをした。東京の空は真赤、時々敵機が火を吹いて墜ちて来る。私たちは庭に穴を掘り畳を何枚も積み上げ防空壕を作り日に何回も壕に入った。正毅は「僕もう空襲飽きたよ」と頭巾と鞄をほうり出す。戦争ごっこじゃあるまいし、飽きても何でも繰り返す日が続いた。

私は毎日の激しい防火訓練で流産してしまったし、三人の子どもは太らない。回覧板で「義経炊き」というのを知りやってみる。茶碗一杯の玄米を熱湯に一晩つけ布団何枚もでくるんでおくとお釜一杯に殖えるというのだが本当に殖えて皆大喜び。地曳網をしている所に行き囲りを跳ねている小魚を拾って来る。だが、艦載機襲撃が頻繁になると地曳もなくなる。

突然主人に赤紙が来た。何が幸いだか「肺門周囲炎」ということで不合格で帰って来た。丸坊主頭の主人を迎えて、私たちはひそかに大喜びしたものだ。

だが、昭和一九年五月に弟は北支で戦死という報せ、二つ違いの弟の戦死は主人をどんなに悲しませたことだろう。宇都宮の師団に遺骨を受け取りに二人で行った。

鵠沼《くげぬま》海岸も小型機の襲撃がはげしくなり、皆どこかへ疎開して行く。私たちも家族五人を守るために疎開を考えなければならぬ時が来た。

＊集団帰農

昭和二〇年七月、次官会議で「北海道に集団帰農として行けば農地一五町歩を無償で与える」と回覧板が来た。お米が自分で作れる。当時の私たちにとってこんな魅力的な言葉はない。学生時代からブラジルへ行って農業をしたい希望を持っていた兄は大喜びで参加するという。私は外国のように思っている北海道へ行きたくはないが、兄たちと別れてここに残るのも心細い。理由は、上の姉は義兄海辺誠次郎が三井物産桑港《サンフランシスコ》支社勤務のため、八年も前から日本にいないし（戦争当時は奉天へ転勤した由）、下の姉は義兄福井英一郎が文理科大学教授だったが後、東京気象台に移り昭和一八年夏からは北京の気象台長として行ってしまったし、今また兄が北海道へ行けば、末っ子の私一家だけになってしまう。

兄は「稼動者が四人居る者」という参加条件があるので私たちをしきりに誘う。とうとう兄たちと一緒に行くことに決心した。お米がどうやって出来るものか、農業がどんなに辛いものか全く知らない者同士、只々子どもに御飯が食べさせられるならどんな幸いことでも凌いでみせるという悲愴な意気込みだった。荷物の数、重量の制限があり、幾つかのグループを作って七月一五日、いよいよ見知らぬ北海道へ向けて出発することになった。

しかし、空襲は益々はげしく、青森港がやられたとのことで横浜で一時待機するという。事務所のような空家に大勢合宿だ。電気がつけられないため仮設トイレは汚物で足の踏み場もない。長い板を二枚渡しただけのものは大人でも恐ろしい。幼い二人に用をさせる私の方が泣きたい位だった。このことは今でも時々夢に見る。一〇日余りたってやっと汽車に乗ることができた。昼は止まって夜だけ動いていたらしい。青森は空襲の後も生々しく連絡船に乗り込むまであちこち煙を吐いていた。やっと青函連絡船の出港だ。

行先はどこなのか、原野なので合掌小屋を造らなくてはならないと函館で大きな鉈と鋸を買う。

鍬とりて鋤とりて子等守らむと津軽の海を渡りては来ぬ

❄開拓農家

美唄からは当時の瀧助役（現市長の父上）と下河原氏が我々を迎えに来ておられた。「ミウタ」ではなく「ビバイ」と読むと教えられる。函館本線に一昼夜乗り八月三日やっと美唄に着いた。一面に樹の生い茂った原野を想像していた私は駅前の静かな家並みを見てびっくり、初めて戦場化した土地から遠く離れてきたのだ、もう大丈夫と喜びあった。

一同は先ず美唄小学校の屋体に集まり受入れ側の農家の人を紹介された後、一心の集会所に五家族程収容された。農家の人が真白なお握りとお漬物を持って来られた。大根もキャベツも大きく切ってあり、お魚が入っていてびっくりした。鰊漬けというそうだ。この時の嬉しさは今でも忘れない。もう一つ忘れられないことがある。連絡船で貰ったものと思うが虱《しらみ》である。シャツの縫目にびっしり白い卵が並んでいるのを、拇指の背でプツンプツンとつぶす。もう汚いも何もない。この虱には二、三年も悩まされた。

問もなくラジオで広島と長崎に新型爆弾が落とされたと放送されたが、精しいことは分からない。八月一五日、集会所に巡査が来て、一二時に天皇陛下の放送があるからラジオを聞きに来るようにとのこと。主人たちが戻って来て「戦争は終わった、日本は負けたんだ」という。皆気が抜けたようになって言葉もない。これからどうなるのだろう。

八月末になって次官会議での約束「農地五〇町歩（原文ママ）無償で与える」という話はないものと思えというのだ。今さら内地に帰る気はない。百姓をやってみよう。お米を作ってみようじゃないか。兄と合同で水田を作るべく原野に七町二反の土地を買った。一〇月の寒い日二家族は馬橇に乗って中小屋という所に行った。粗末な家と納屋があり、裏には川が流れ小さな橋がかけてある。兄たちが母屋に、私たちは納屋に床を作り、筵《むしろ》を敷きその上に絵のキャンパスを並べ、入り口には筵を垂らした。

冬が来たが石炭の配給がないので、防風林から枯枝を拾って来たり葦《あし》を燃やしたりしてストーブの囲りに噛《かじ》りついていた。電気はなく、わずかな配給の石油でカンテラをともした。川の水が凍り始める。積雪を除き鳶口《とびぐち》で厚い氷を砕いて小さな穴をあけ柄杓でバケツに水を汲む。家まで運んでまた行けばもう氷が張っている。

一升瓶に水を入れて一晩おいたら、ガラスは割れ氷が瓶の形になっている。桶の水につけた茶碗も皆割れている。天井の藁束が一つ二つと落ちて布団の上に雪が積もり、朝、箒《ほうき》ではく。初めて体験する原野のシバレの恐ろしさは到底筆には書きつくせない。

吹雪く朝寝息も凍る夜着の襟
目覚むれば夜着一面の粉雪かな

めずらしく石炭の配給があった。

一級炭配給ありてこの宵ははじめてストーブらしく思ほゆ
小気味よく燃ゆるストーブ囲みつつ子等に鉢の木話聞かせり

春になると春水がつくといって積雪の下を水が流れるのだ。部落の人が藁靴に桟俵《さんだわら》をつけた物を持って来てそろそろ歩き、小学校に避難させてくださる。やっとお米作りの時期が来た。出面（日雇い）さんというのを頼み、背丈ほどもある蓬を刈って農地を作った。馬を飼い、兄と主人はプラオとかハローとかいう農具を使って部落の人に馬使いを習っている。兄は青山学院時代乗馬クラブにいたが、この馬とは大部勝手が違うようだ。私たちは温床を作り、水につけた種籾を蒔き、少し伸びると稗《ひえ》抜きをするのだが、稲との区別がつかず出面さんに叱られた。田植えの腰の痛さ、つらさ、いろいろな野菜作りもした。

播上げや防風林にカッコ鳴く
豆蒔きし覚えし鳥はさくらどり

二年目は大雨で稲が水没したため、米の収穫はほとんどゼロ。部落の人からまた着物を添えてお米を買った。私が洋裁の免状をいろいろ持っていることを知られた分教場（山本忠校長）から、農閑期に部落の娘さん方に洋裁を教えてくれと頼まれ、週二回通ったが、吹雪く日は腰まである雪原を漕いで行かなくてはならない。こうした無理が崇《たた》って私はまた流産をし、医者に「百姓を続けていたら死んでしまうよ」といわれ、子どもたちのことも思い合せて農業をあきらめようと考える。楽しいこともあった。自分たちで作った餅つきをし餡《あん》餅や蓬《よもぎ》餅を作ったり、唐きびや南瓜もたくさん食べ子どもたちは丸々太った。

芋南瓜大豆唐きび燕麦を蒔きあげしこと誰に語らむ
手の豆のかたくなりたるこの日頃鳥の啼く音もやや聞きわけつ

＊教員に

こうした時、市議で部落の山田登氏を通して教育委員会の方から、「学校の先生になって貰いたい。住宅もある」との話。住宅、電気水道、この魅力にとりつかれ、農業を続けるという兄たちと別れ、町に出ることになった。

昭和二三年三月、雪の中を馬橇に乗って町に出た。入初《いりそめ》から栄町へ、昔の三井二抗社宅二軒つづきの長屋だが、物置、石炭小屋もついた三部屋の座敷、先生方が優しく迎えお手伝いしてくださる。主人は美唄盤ノ沢小学校、私は中学校に（小学はとてもむつかしい。中学なら国語と家庭科の二科目でよい）四月一〇日より通勤することになる。

何不自由なく育った主人や私はこの戦争のお蔭で物の大切さ、辛い仕事のあることなど、身に泌みて味わうことができた。

わずかの間だったがあの原野での農作業、菊芋を食べ、シバレ芋で澱粉をとり、だんごにして食べたことなど後になってみれば皆楽しい思い出だ。

（挿入の俳句と短歌はその当時、折りにふれて書きとめておいたもの、拙いものだが思い出の一端として書き添えた）

（出典：美唄市市民文集『語りつぐ戦争のころ』第一集所収、一九九五年刊）

6　拓北農兵隊として入植二〇年

月形村入植　渡辺　修

人生を一つの長い旅だとするならば、昭和二〇年七月末のあの時の父の思い切った農業への転進は、当時小学校高等科二年の私にとっても、この道を一筋にと一歩を踏み出した日に他ならない。

思えば、あの悪夢のような戦争末期に政府が、国策として戦災者等を集団移住させて、北辺開拓にあたらせるという立案がなされた。土地住宅は無償の好条件と「拓北農兵隊」の美名によって募集された。それに応じた人たちの大部分は、明け暮れの空襲に疲れ、家を焼かれ、持前の職業を軍需生産一筋にと、転職を余儀なくされその職場に意欲をなくした人たちであった。市内各所より集まった人たちは、互いに見ず知らずだったが、しかし、戦時中の一種不思議な追いつめられたような緊張感は、人々を心易いものにした。

二〇年七月三〇日の出発は、米艦載機の空襲の中で行われたのである。それも、予定が七月一五日であったものが、当日、函館をはじめ、北海道各地が空襲によって爆撃され、予定が延ばされていたのである。ほとんどの人たちは、荷作りもほどけず、出発に備えていただけに、どうしても今日こそはと、北海道出発への決意を持っていたともいえる。

門出にしては、あまりにあわただしい気持の別れを残して、私たちは北へ向かい長い長い列車は、仙台の空襲の跡を通過、青森では翌早朝、余燼《よじん》くすぶる中に到着。朝霧かと思わせたのは、キナ臭い煙であった。「ここもやられたか」と、日本中何処へ行っても逃げる事の出来ない敵の手を感じたものである。昼間は襲われる危険のある連絡船は、灯りを暗くして夜に入るのを待って出港。

函館では、各入植地より出迎えの人たちが、何々隊と書いた旗を持って、それぞれ待っていた。入植地へ向かう車窓の眺めや、日射しまで何となく変わった風土へ来たという感じが、気持ちを引きしめもし、不安もあったが、希望があって嬉しかった。

産土神《うぶすなかみ》である樺戸神社の神前で祝詞を受け、開拓入植の決意を改めて誓ったのは、八月三日のことであった。そこから初めて迎える降雪期までの四カ月間、必死になって作業した。

両親はもとより、一緒に来た人たちも生まれて始めてみる泥炭の原野と、山から伐り出したばかりの丸太と、視界も届かぬ原野で刈られた草でふいた屋根と囲いの掘立小屋で迫り来る冬を越さねばならぬと知った時、もう数戸の脱落者をみたのである。そして、透間風のひゅうひゅう入る家で、吹雪の時には、蒲団の上に雪が積もり、出入り口が一夜の中に塞がり、窓から出入りするような、内地育ちには想像もつかぬ厳しい冬が過ぎた。そして、待ちかねた春の大地が眺められるようになった時、また何戸かの脱落者をみた。この頃、とどまるべきか、去るべきかと誰しもの胸に、そんな気持ちを一度は去来させたのではなかろうか。

二、三年はたちまち過ぎた。その間、配給された鍬鎌に頼るだけの開拓は、とても開拓などといえたものではなかった。私にとっては真剣な一鍬一鍬であったが、北海道農業の何たるかを知らず、ただひたすらに一鍬でも多くというような労働の繰返しであった。

その頃の食べるものといえば、わずかの配給米に半分以上は薯、南瓜の煮食いはもちろん、あるいは、ゆでたものを潰し、さらに乏しい調味料で味付けしたもの、また混ぜたものの方が多い位の菜豆、大豆、玉蜀黍《とうもろこし》の挽割の飯、少量の麦粉を入れた糠《ぬか》団子など、口に入るものは何でもといったような食生活であり、母たちの苦労は、私たち以上のものであったろう。

能率の上らぬ家での開墾すら春と秋の忙しい時期を除いては、食べるための現金収入を得る為に、家を空けて働きに出る事が多かった。どちらといえば、虚弱児であった私が、病気を知らぬ程の丈夫な身体になったのは、農業が体力を要するというばかりでなく主としてこの出稼ぎ先の飯場で食べた数多くの丼飯が大きくものを言っているのかも知れない。

二六年に耕馬が入った。ようやくプラウで荒地が拓けるようになって、開墾ははかどった。このころには、最初の横浜からの入植者で、脱落する者はほとんどしつくし、かわって農業経験豊かな外地よりの引揚者、道内よりの入植者が入り、本格的とも言える開拓が始まったのである。しかし、畑として開墾され尽しても、暮らしは楽にならなかった。低位泥炭地の生産量は、真土地帯に比べて、何としてもかなうことなく、冷害を受けるときは、他所よりも深く厳しい痛手を受けた。私はもちろん、他の若い人たちもなおこのころ、農閑期の出稼ぎを通常のものにしていた。

そのような時、この原野にとって一つの革命的な事柄ともいえる篠津運河の掘削《くっさく》が始まった。それに伴い私たち部落の土地交換分合が行われ、二二年に部落は運河をはさみ二分された。

当時としては、多額の補償金が入った。それは確かに以後何年かの生活を余裕のあるものにしたが、それよりも何よりも運河の堀削による送泥客土によって、泥炭の地力が倍加されたことは、大きな収穫であった。

最初、付近の余水で始まった水田作りが、今日では運河からの揚水によって、大部分が開田されて来た。今まで不安定だった暮らしが、よりよい方向へ向いだしたといっても過言ではなかろう。土地改良も逐次行なわれ、いわゆる土地づくりの経費負担もさることながら、完成時における生産の向上を期待出来るようになったのである。

以上、かえりみて、暗がりを手探りで歩くような揺籃期《ようらんき》ともいえる最初の数年、自立経営農業には程遠かった十余年、ようやく篠津運河の完成をみた。そして今では、水田が拓け、今日このごろ首を垂れ風にそよぐ稲穂をみて、安定経営へと一家共々努力している。そして、安定経常を目標にして、これからも力強く歩き続けようと心に誓うのである。

（出典：空知支庁・空知開拓農業協同組合長会『空知開拓二十年の歩み』所収、一九六七年刊）

7 〝こころの郷里〟北海道・秩父別《ちっぷべつ》

秩父別村入植　佐藤　水人里

＊あれが「玉音放送」だった

あの日、朝から青空が広がり、じりじりと真夏の太陽が照りつけて、油蝉が一段とやかましい古刹の広い境内で、私たち子どもは何するともなく退屈していた。

と、本堂の広縁に母がただ一人出てきて私を手招きした。

母は両手を私の肩に置き「ミドリ、戦争が終わったよ。空襲はもうないんだよ」と言った。

昭和二〇年八月一五日を、私は北海道雨竜郡秩父別村（現在は秩父別町）の寺で迎えた。

戦況の激しくなる中、食糧増産を目的に国が東京都民の北海道への開拓移住を募り、渋谷区から応募した一〇家族がこの村の大きな寺で、部落へ配属される迄の待機生活を送っていた。北海道へ着いて一週間、誰もが疲れきっていた。

大人たちが本堂に集まりそわそわと落ち着かない様子で、雑音のひどいラジオを囲み子どもたちは外へ追いやられていたが、あれが、「玉音放送」だったのだ。

空襲はもうないということをいち早く私に教えてくれた母は、その後の無理な生活で体を壊し結局四年後に死ぬのだが、この時以後、私は北海道という大自然の洗礼を受けることになる。

❄零下二五度の極寒の日々

摂氏マイナス二五度になる極寒の日々。うっかり金属に触れるとピタッと凍りついてしまう朝、まず家の入り口の雪をどけないと道に出られない。踏み固められた道は屋根の高さにあるのだ。当時通っていた小学校は村の北外れで、吹雪の日は同じ方向へ帰る一年生から六年生までの児童が一列に隊列を組んで帰宅させられた。一歩前を歩く児の足跡が消えるほど白い闇とでも言いたい猛吹雪の中、先頭を歩く六年生を何と尊敬しただろう。

半年の根雪が溶け、雪を割ってフキノトウが顔を出し、座禅草が咲き出すともうすっかり春になる。一面にエゾエンゴサクの青紫カーペットだ。そして桃、桜、杏、林檎と一斉に花開くとあたりは既に初夏の装いで、梅雨のない気候は一気に真夏になってしまう。まるで木魂を交わすようにあちらこちらで郭公《かっこう》が鳴きだすと、私は父に連れられて原野の開拓地へ片道二里を歩きよく農作業にいった。

❄幼い精神を育んだ大自然

真夏の朝といっても、ひんやり肌寒い午前三時に家を出て陽が昇る頃原野に着き持参したおにぎりを食べ作業にかかる。フカフカの泥炭地帯で土は無く、草の根ばかりの湿地に、試行錯誤でソバや大豆の種子を蒔く。芽吹けばシメタもの。喜んで次に行ってみると全部枯れていたりする。指導者のいない素人に過酷な入植地だった。一喜一憂する間もなく短い夏は過ぎ、村外れの山が燃えるような緋色に染まると、村の家々は冬支度が始まり、軒下に薪や石炭が積みあげられる。本当に夏中働いて冬の燃料に備えるようだった。

その頃一〇月二五日というと初雪で一一月には既に根雪になっていた。そして長い雪と闘う半年が始まるのだ。人間がどうあがいても、どうしようもない自然の力。

自然を恐れ、畏敬することにより人は謙虚になれるのではないか。

幼い精神を育んでくれた北海道の大自然。秩父別は私のこころの故郷である。

（出典：『シルバーひの』第一八一号所収、二〇一一年七月一五日）

8　上士幌に入植したわが家の場合

上士幌村入植　石川　裕子

❋戦火の東京をあとにして

もう七〇年も前のことであるが、私たち一家に降りかかった大きな出来ごとが忘れられない。昭和二〇年八月一五日、その当時、川原家は父と母、五歳、三歳、一歳の私たち姉妹の五人家族であった。東京杉並区より同行した数十家族の方々と、初めて北海道の土を踏んだ。函館港に上陸し、その直後、父たちは近くの小学校まで呼ばれ、天皇の勅語を聞かされた。敗戦を知ったのである。

遡ることその年の三月、杉並の自宅に居て夜、空襲警報とラジオがけたたましく、大きな空襲があることを伝えた。それまでは空襲があっても自宅の防空壕に入り避難するのだが、その日は違っていた。サイレンや飛行機の音がする中、母は私たち姉妹を背負ったり、手を引いたりして、鷺谷の叔母の家を目ざし徒歩で逃げた。途中で振り返ると、少し向こうの街が炎に包まれるようにまっ赤で、昼間のように明るく、火の粉が降るように落ちてき、前を行く小父さんが被っていた布団に燃え移っていた。私たちは無事に伯母の家に着くことが出来、暫く休んだ。

その頃父は徴用に取られ長期留守にしていた。母は随分と心細い思いをしていたと思う。空襲はアメリカ軍のＢ29という爆撃機によって、焼夷弾が落とされ、東京は広範囲に焼かれたのであった。幸い自宅兼店は無事であった。空襲後、父は帰ってきたが、電車もほとんど走らない街を徒歩で帰る途中に黒こげになった死体をいくつも目にし、家族の安否も判らず不安な思いで、やっと自宅に着くことが出来、無事なのを知りほっとしたと後に聞いた。

その出来事があって後、東京都は都民に対し、疎開先があるものは極力東京を離れるようにと、通達を出したようだが、頼れる田舎を持たない父と母は留まっていた。その内にも戦況はどんどん悪くなり、毎日のように空襲警報があり、夜中でも起こされ防空壕に避難し、朝まで過ごしたりした。ある日、国が北海道への開拓団（拓北農兵隊）を募っているから一緒に行かないかと前から親しくしていて、近所で印刷屋をやっていた小父さんから誘いを受けた。子どもたちを安全な所で育てたいという母の思いや、父が道南出身であったこともあって、この移住を決めたと後に聞いた。

その年の八月七日に一行は列車で東京をあとにし、青森までは何ごともなく到着した。

その後が大変であった。北へ渡る船がなかなか出ず、青森で待たされること約一週間、市内の空襲を受けて、窓ガラスも無くなったコンクリートの建物で野宿同然で過ごした。そこここにコンクリートの破片が落ち、時々、敵機が空を飛んで来たりすると、隠れるように言われ身を屈めた。東京から持ってきた米や食糧で飢えを凌ぎ、毛布や衣類で寝床を作った。中には身重の人や病気を持っている人、あるいは、そこで亡くなった方もいた。

やっと連絡船に乗ることが出来たのは八月一四日の夜であった。兵隊さんも同じ船に乗っていて超満員だった。まだ戦争中で、いつ船が沈められてもおかしくない中、無事函館港に上陸できたのは八月一五日。前述したが、皮肉にも日本が敗戦を認めた日である。

一行は、列車に乗り十勝の入植地へ向かった。一六日に入植地と決められていた上士幌村の駅に到着、村長さんはじめ村の方々に迎えられた。光明寺に案内され飲食のお接待を受けて、やっと人心地がついたと聞かされた。私は長い旅の途中で熱を出し歩く元気もなくなり、当時、村で唯一の医院の須藤医院へ連れてゆかれ治療を受けた。

その日、受け入れ部落の人たちの馬車に乗り、それぞれの入植地へ向かった。わが家の入植地は新誠部落であった。用意をしてくれた住居に案内された。布団や衣類は、国鉄のチッキ（乗車券を使って送る手荷物）で先に届いていた。

やっと静かな上士幌へ着き、ほっとしたのも束の間、父母をはじめ一家の苦難に満ちた開拓生活が始まった。

戦後七十数年を経て、父母はすでに他界し、上士幌の土となった。思うに戦後の混乱の中受け入れてくださった村の方々には随分とお世話になり、ご迷惑もおかけした。あの世へ行った父や母も折にふれ、私たちにも感謝の言葉を伝えていた

私たち兄弟姉妹もすっかり上士幌の人間になり、この地で人生の終焉を迎えようとしている。最近の社会情勢をニュース番組等で見るに付け、過去の戦争を考えてしまう。私たちの人生を

大きく変えてしまったあの戦争とは何であったのか、他国を侵略し傷付け、自国の若者を死なせ、人々の人生を狂わせ、困難に落し入れた。さらに今だに他国から非難され続けている。それを戦争とはそういうものだとか、過去のことと、簡単に片付ける者もいる。みんなで考えなければならないと、私は思う。

❋戦後開拓わが家の場合

終戦後の昭和二〇年に、上士幌へ入植した川原家の働き手と言ったら、四〇歳を越えた父と、三二歳の母の二人であった。父も母も百姓はずぶの素人であり、特に母は東京に生まれ育ち、農作業などまったく知らない人であった。これから始まる開拓生活に、随分と不安があったろうと察するのだが、生来明るい人であったから、不安を見せなかった。

移住して間もない、秋のある日の事である。借り住まいの萩ケ岡新誠の家から、約二キロはあったろうか。母は、駅や郵便局、雑貨店のある市街地へ、徒歩で私たち三人姉妹を連れ往復した。砂利を敷き詰めた歩きにくい道を下駄で、大人でも難儀な道である。当時、わが家には、馬も馬車も無く、もちろんタクシーも呼べず、歩くより方法はなかった。

往きはなんとか歩き、帰り道になると、疲れもあり、とうとう私の妹由里子（当時三歳）が泣き出し砂利道に座り込んでしまった。「お母ちゃんだっこ」と言っても、母の背には、その下の妹常子が居て、手には荷物がある。母は、座り込んだ妹をもう少しだからと励ますが、泣きやまない。

そのうち母は、知らぬふりしてゆっくり歩き歌い出した。「お家がだんだん遠くなる、今きたこの道帰りゃんせ」と、綺麗な声であった。私は、おろおろと妹を励ましたりしたが、泣きやまず困るばかりだった。

その内、距離が開くと置いてけぼりにされると思ったか、立ち上がり歩き出す。そんな事を繰返してやっと家に辿り着いた。秋付いた日が西の山にかかり、空が真っ赤に染まっていた。

歌好きの母は、よく童謡を聞かせてくれ、私たちもよく歌った。その頃の母の心情を思う時、戦争が終り、空襲に怯える事なく、家族が無事に過ごせる幸せを感じていたのではと思う。

入植地の決まらない一年目は、新誠部落に留まり、近所の畑の手伝いをしたり、教えてもらったりしながら、農業を覚え、二年目には畑を借り、大豆を蒔き、収穫したという。金銭に困ると、残っていた母の着物を食料に替えて貰ったりの竹の子生活であったらしく、絹の着物一枚で、そばの実一俵だったのを、母が嘆いていた。東京から持って来た業務用の立派なミシンも、いつの間にか、それも食料等に化けたのか、なくなっていた。

やっと入植地が決まったのが、昭和二一年の秋頃であったと思う。萩ヶ岡の南の地区、北星という部落で、これまでの借り住まいの家より、駅に近く、利便性の良い所であった。柏の林に、家を建てるため、父が木を切り宅地を作った。新誠の近所の人たちの協力を得て、地抗で板張りの家が建てられた。土間のある間取りは、居間と大きな奥の間二室に、台所が付いていた。向かいに、同じ団体で来た長井さんという家族が居て、そこの小父さんは、東京では人形作りの職人だったとかで、作り付けの戸棚を作ってくださった。やっと新天地も決まり、落着いた所で、父や母も張り切っていた。拓北農兵隊として十勝に入植するに当たり、国が約束した事は、敗戦によりほとんど反故にされたと聞いたが、農協等の支援もあり、馬や馬車、農具等を揃え、本格的に開墾が始まった。

土地は、当時の単位で五町歩程を割り当てられたと聞いたが、未墾地がほとんどで柏の林の中であった。家の周りの柏は、父が好み後年までそのままで、私たちの遊び場だった。山羊の子を放したり、鶏を放し、柏の葉の中に生み落とされた卵をさがすのは、私たち子どもの仕事だった。

未墾地を馬一頭では開けず、他人に頼み耕して貰ったりしながら、除々に畑にしていった。体が小さく、体方もあまりない父にとっては、開墾はとても難儀なことであったろう。苦労しながらも、除々に開墾も進み畑を大きくしていった。

少し落着き出した頃、父の悪い遊び癖がでた。人に誘われるまま、マージャン等の賭事をするようになり、冬期の農作業が出来ない時期に、家を留守にするようになった。そんな矢先の春、我が家に一頭しかいない馬が、難産の末に死んだ。

毎日の運動を怠り、難産にさせ、大事な働き手である親馬と、無事に生まれるはずだった子馬も死んだ。父は落胆し、反省しきりであった。私は小学生だったが、ただ見ているだけだった。わが家の一大事であり、馬をすぐには、補充出来ず、その頃の家の中は暗かった。

悪い事は続くのか、その夏、父は持病の神経痛を悪化させ、痛みで床に臥せる日が続いた。母は、一人で畑に出ていった。八月の亜麻の収穫の際には馬がいないので、荷車に収穫した亜麻の茎を束にした物を積み、一人で収穫場へ引いて行くのを見て、幼心にも切なかった。その内、父も回復し、何とか農作業にも専念するようになったが、その頃の出来事は、私の脳裡に焼き付き、忘れる事が出来ない。

＊戦後を生きた「弟よ」

お盆も過ぎたこの年、令和二年八月の末、弟は七四歳で亡くなった。

昭和二一年七月、東京から移住して約一年後に弟は生まれた。母は産婆さんには見て貰っていたが、街まで七、八キロもありお産に間に合わず、いつも親しくして呉れる近所のおばあさんに取り上げて貰った。元気な男の子であった。

入植地も定まらぬ仮住まいの中で生まれた弟であったが、父は大変喜んだ。待望の長男である。両親は名付けを師とも親代わりとも仰ぐ杉並の女学校長の河野さんに、手紙で頼んだ。当時の通信手段は、手紙か電報ぐらいだったので、返事が届いたのは、出生から二週間も過ぎていた。生まれた日を遅らせることも出来た時代ではあったが、何事もごまかしを嫌う父は、正確な生まれた日を誕生日として届け出た。その後、帯広の簡易裁判所から呼び出しがあり、列車で出向いた。夏の日射しの暑い中を、なぜか六歳の私だけを連れて行かれたのを憶えている。何程かの罰金を払ったようであった。

そんな弟であったが、すこぶる元気に育ち、地元の小学、中学校を卒えた。やんちゃな性格で、幾つもあぶない遊びをし、親たちをはらはらさせた。中学生だったある冬、下校時に急坂を橇の後ろに友だちを乗せ滑り下り、勢い余って立ち木に激突した。幸い足の骨折で済んだ。

また、夏には父に代わり、部落の人たちと山に放牧している馬たちを見廻り、塩を与える役割りで行った。一緒に行った友だちと見付けた俗に熊蜂と云われる雀蜂の巣を突き落とそうと計り、怒った蜂に何カ所か刺された。部落の小父さんに助けられながら帰宅し、体を冷やし寝かせたが熱を出し、うんうん唸っていた。しかし、次の日には回復し、けろっとしていた。心配していた私たちもほっとしたが、無謀な弟はその後もいくつか危険なことをし、はらはらさせられた。

中学を卒えると家業を継ぐことに迷いはなかったらしく、地元の高校の農業科へ進んだ。しかし、一年経つ頃、農業のことを充分教えてくれないと嫁いでいた私の家に来て、不満を口にした。私は隣の本別町に、農業を本格的に教えている農学校があることを教えた。弟は通っていた高校を一年で退学し本別の農学校へ入り直し、二年間の寮生活をして農業を学び、無事卒え、家業に就いた。

道産子の弟は、体も丈夫でよく働いた。やがて時代の趨勢に乗り、酪農に専業するようになり、経営も安定したように見えた。お嫁さんも迎えしばらくは平和であったが、父との確執が生まれ、父の方が全面的に弟に酪農をまかせて、別居という形で家を離れた。他の弟や妹たちもそれぞれ家を出て、弟の子どもたちも三人になった。母は、孫の面倒を見るため残り、父の所と家を行ったり来たりしていた。

昭和四〇年代の後半には、農村の形も時代と共に変わっていった。小規模農家は国の方針もあり淘汰されるようになり、離農地は力のある近隣の農家が買い、どんどん大規模化されるようになった。バブル時代に進められて資金を借り、畜舎やサイロを大きくしたが思うように収入源とはならず、返済が滞った農家には、農協から三行半を突きつけられ、飼っている牛や土地を返済に充てられた。搾乳している牛や、子牛の時から可愛がっていたものを、目の前の車に連れ去られるのを泣き顔で見送っていた子もいたと聞いた。

こうした時期でもあり、弟は新しく手に入れた土地が音更川に沿い、砂利が大量に出ることに目を付け、土木用の砂利採取に手を付けた。知らない世界の事業でもあり、周囲の心配も聞く耳を持たないで始めた仕事であった。ダンプカーを何台か借り、運転手を雇い華々しく始めた事業であったが新入業者を認めない気風や、大手業者との繋がりの薄さなど、無理をした挙げ句に不良債権を掴まされて多額の借財を負い倒産した。父が亡くなってまだ一年程だったが、父の悲しむ姿を見なくてよかった。

それからの弟は、父母の開拓した土地は借金のかたに取られて離れ、新たに山奥の耕作地に向かない原野を安く求め、ほとんど自力でログハウスを建てて移住し、近隣の農家の手伝いや趣味で取った狩猟免許を生かして鹿を狩り、それを売って生活の糧にしたりした。

器用な弟は頼まれれば、土木機械を操り何でもした。後に始めた鹿の解体業のため、使われなくなった強化プラスチックのサイロを倒し処理施設を作るなど、他の者が考えつかないことをして、周囲を驚かせた。

家族を養い借金の返済のためにがむしゃらに働き、やがて鹿肉販売も軌道に乗り、都会のお客様も確保した。多額の借金も完済したと、私の所へ来て話したのは、数年前であった。遊びも適当にやりエネルギッシュだったが、六〇歳になった頃から糖尿病を患うようになり、それもあまり気にしない風だったが、とうとう癌を発症し一年余り闘病して、七四歳で亡くなった。

弟の子どもたちが遺影に選んだ写真には、子どもの頃からのやんちゃ振りが窺われ、満面に笑みを浮かべていた。父母や私を含む姉たちとは相容れない部分もあったが、子どもたちには良き父親だったのだろう。

「拓北農兵隊」二世として戦後七四年を生き、数えで七五歳は奇しくも父、母、と同じ享年であった。最後の死に際にはコロナ禍で容易に見舞うこともできず、子どもたちも立ち会うことが出来なかった、と聞いた。

戦後生まれの弟の一生は、戦後開拓農家が辿った歴史であり、わが実家川原家の戦後でもある。

（出典：上士幌町民文芸誌『火群』所収、二〇二〇年）

9　荒廃する東京を逃れ、作開の開拓へ

熱郛村入植　佐藤　守弘

八月一一日、北海道開拓を希望した者が上野駅につどう。すでに、第一次から第五次までの帰農集団が北海道に入っていたため、今回は第六次ということになる。千人はいるようだ。お偉いさんが挨拶しているが、どこの誰なのか、守弘さんには分からない。熱郛《ねっぷ》隊の幟《のぼり》には、佐藤さんのほか、五家族が集まってきた。いずれも豊島区の人だ。前職を尋ねると、靴屋に洋服屋・ミシン屋・運転手・消防運転手だという。

貸し切り列車が東北本線を北上する。はじめは順調に進んでいたが、福島駅でぴったりと止まった。

「動かないねぇ」

「どうしたんだろうか」

事情はよく分からないが、北の方でなにかあったらしい。列車は東北本線をはずれ、米沢方面に向かう。そして、山形・新庄・横手を経て、一三日、秋田駅のホームに入った。ろくろく食べていない帰農者たちに、秋田の人たちが炊き出しをしてくれる。守弘さんも、おにぎりを夢中でほおばった。

一四日、弘前駅に着くが、今日はこれ以上進めないという。駅のそばの学校に案内され、雑魚寝

した。一五日の昼前、青森駅に着くと、ひと月前の空襲で青函連絡船が壊滅しており、旅客船が樺太《からふと》方面から回航されている。それに乗り、夕方、函館港に入る。熱郛村役場の職員が出迎えてくれた。

函館駅からふたたび貸し切り列車に乗り、一六日の朝、黒松内駅に着く。熱郛隊はここで下車し、寿都《すっつ》鉄道に乗り換える。湯別駅で降りると、真夏というのに涼しい。北東方面の山並みを役場職員が指さす。

「あのふもとが、皆さんの入る開拓地です。まだ家もなにもないから、しばらく学校に泊まってください」。

東京とはまったく異なる風景が広がる。あたり一面が畑で、茅葺きや柾葺きの家がぽつぽつ建つ。二キロほど田舎道を歩き、作開小学校にたどり着いた。

「今日は、開拓地に案内しますよ」

数日後、とりあえず学校に落ち着いた開拓者たちを、役場職員たちが北作開の高台に案内する。ごく一部が地元の人たちの畑になっているほかは一面のササ藪で、ところどころに細い木が立つ。かつて開拓した人もあったが、失敗したという。

「こんな場所、本当に畑にできるんだろうか？」

ほかの家族と顔を見合わせた。

一方、東京から送った家財がいつまでたっても到着しない。やきもきしていると、ひと月後にようやく届いたが、行李《こうり》が真っ黒になっている。蓋をとると、穴の開いた着物がでてきた。爆弾の破片か銃弾が貫通したらしい。焼け焦げた着物もある。北上するあいだに、どこかで空襲に遭ったようだ。

そのときには分からなかったが、ずっとのちになって、八月一四日夜から一五日未明にかけて秋田県土崎にB29による空襲があったと守弘さんは知った。すると、あの着物も秋田でやられたか、その少し前の福島の空襲でやられたのかもしれない。炊き出しをしてくれた秋田の人たちは無事だったのだろうか。気になるが、もう確かめようもない。

玉音放送も聞かず東京からいきなり田舎に来たため、戦争に負けたという実感もないまま日が過ぎゆく。村の人たちも小学校に集まっては銃剣道の稽古をしている。戦時中の習慣が抜けきらないらしい。

が、そろそろ二学期もはじまる。いつまでも小学校においてやることもできない。一〇日ほどした頃、地元の人たちの厄介になってくれと言われる。北作開一戸・中作開一戸・南作開一戸・本熱郛二戸・白井川二戸と割り振られ、佐藤家は、北作開の老夫婦宅の物置に住まわせてもらう。そのあいだに、役場や地元の人たちが家を建てる。板壁とササ葺きの小屋のような家がこの秋に三軒、翌春には三軒できた。が、一軒が火事で燃えてしまう。

「約束通り、きちんと建てたんだから、あとはなんとかしてくれ」

しょうがない。親戚同士の二家族があったので、彼らはおなじ家に住むということで落ち着く。

佐藤家は、はじめての冬を新築の家で迎えるが、畳など買えない。板の間にムシロを敷いて休む。この冬だけは石炭の支給があったが、家までは持ってきてもらえない。祐治さんと守弘さんは下の道路と家のあいだ五〇〇メートルほどの道を何度も往復しては石炭を運びあげた。

一九四六（昭和二一）年の春、雪解けとともに開拓をはじめる。歌棄《うたすつ》村との境界近くを流れるルロコマナイ川と金ヶ沢の一帯、高台約一七町が開拓者に明け渡された。一家族あたり三町ほどだ。一〇～一五町もらえると東京で聞いてきたのに、ずいぶん狭い。が、その程度の土地であっても、馬も使わず、すべて人力で開墾するのだから、ゆるくない。

地元の人たちが畑にしていた二、三反ばかりの土地はすぐに使えるが、その周囲の原野を必死にひらく。無償で支給されたノコギリや根切りマサカリを使って、木を切り倒し、その根を掘り起こす。一面のササを刈り払う。

「土地はやったが、生えている木はうちのもんだから」と伐採に来る人もいる。そうこうして、ようやく空いた土地を耕す。しかし、石や粘土だらけで、まともな畑になる部分は少ない。イモや大豆を植え、わずかばかりの収穫を食べる生活を送る。一方で、急激なインフレがすすみ東京から持ってきた金の価値が減っていく。

ただ、飢えるまではいかない。海の近さに助けられた。一九四六（昭和二一）年春は、寿都湾でニシンが大漁となり、守弘さんは歌棄の浜に買いに行った。

「一貫目分ください」

「おうよ。あんちゃん、どこの人だ？　東京から開拓さ来た？　大変だな。ほら、持ってけよ」

豊漁なので、漁師たちも気前が良い。たのんだ目方の何倍分もよこす。重さにうなりながら家に帰る。ホッケを買いに行っても、特大のものを何本もくれた。

山の恵みにも助けられる。春から初夏にかけて、ワラビやフキ・ワサビなどの山菜を採りに行く。冬には、針金の罠をかけ、ウサギを捕まえる。イタチを捕らえて、皮を売り、小遣いも稼いだ。


二年目からは石炭の支給もない。山の木の払い下げを受け、倒しに行く。太い木は二尺、細い木なら四尺や六尺に切りそろえる。馬を持っていないので、自分たちで家までかついでは、斧で叩き割り、薪をつくった。

はじめ数年は川の水を生活用水に使っていたが、上流で、三菱鉱業が寿都鉱山の鉱石を選鉱するようになる。鉱毒を心配し、家のそばに井戸を掘った。「川の水は飲むんじゃないよ」。父母は子どもたちに言い聞かせた。

（出典：山本竜也『寿都・島牧・黒松内　南後志に生きる　五十三人が語る個人史と町・北海道・日本の歴史』より抜粋、二〇一六年刊）

10 拓北農兵隊として芽室・雄馬別《おまべつ》へ入植

芽室町入植　秋元　宣壽

私は、一九二八（昭和三）年六月一三日、東京市中野区東中野で生まれました。父は、ネジやボード（鉄棒）などを生産する工場を経営していました。

一九三五（昭和一〇）年中野区野方尋常小学校に入学し、太平洋戦争が始まった一九四一（昭和一六）年に卒業し、四月から東京電機第一工業学校（旧制中学校）に入学しました。

一六歳になった一九四四（昭和一九）年七月二五日から勤労動員として、池袋にあった株式会社山洋商会（戦闘機に付ける通信機器用発電機を製造、現在の山洋電機株式会社）に徴用されました。会社の近くには巣鴨監獄がありました。

動員されてまもなく、巣鴨警察署の補助警察に任命されました。補助おまわりさんといったところですか。当時若い警察官が召集され、人手不足になり、若い学生を使おうとしたのでしょう。空襲などがあった時には呼び出しが来て、昼に握りメシが出て食べたことがありました。動員最初の一カ月間は、訓練期間として防空壕（二メートル位）をよく掘らされました。

九月に入って、会社の中での仕事が始まりました。二四時間態勢で、夜勤と昼勤の二交代で、夜勤は午後七時から翌朝の五時まで、一回だけ昼勤を続けた時は、時差ボケになったみたいでボーとしてかなりきつかったです。

授業は、一週間に二回、月曜、木曜の六時から九時まで、青年学校の教室をかりて勉強しました。授業中、居眠りする者が多数いました。すると先生が「俺だって疲れて腹がへっている、おまえらだけではないんだ」と、よく怒られました。

さらにひどくなると「目ざまし」と言って、お互い立って向き合い一発づつビンタはりをする。そうすると、先生が「おまえら目がさめたか」と「はい、さめました」と返答し、授業が続けられていきました。夜ですから、灯火管制のため、電灯のまわりは黒い幕で囲っているので下だけしか見えない状況で黒板の字もよく見えませんでした。

動員中、よく「日本が戦争に負けたら、男は去勢される、とられたくなければ、眠くても勝つしかないんだ」と言われました。そんな時、「先生より俺たちの方が、いきがいいや」などと言う生徒もいました。

サイパン島が陥落してから、東京へ本格的な空襲が始まりました。一回あたり三〇〇から四〇〇機やって来て、一機あたり六トンの爆弾・焼夷弾を落として東京上空を円を描くように一周していきました。当時、梯団《ていだん》攻撃とよんでいました。

一九四五（昭和二〇）年三月一〇日（陸軍記念日）の東京大空襲の時、私の家は世田谷区上馬にありましたので直接被害はありませんでしたが、空襲時の事として覚えているのは、夜、燃えあがるあかりで、家の庭で新聞が読めましたし、隣の家の表札もはっきりと見えました。

爆弾投下の後の市街地を通った時、鉄カブトのあごひもをしっかりしめた生首が一つ地面に転がっているのを見たことがありました。爆弾の破裂による衝撃波によってレコードの同心円のかたちをして空に広がっていく輪も見たことがありました。また、防空壕の中で死んでいる人の衣服をはぎとって、古着として売る人がいたと聞いたこともありました。

一九四五年三月二〇日（旧制中学四年の時）勤労動員が終わり、この年に限って学校も繰り上げ卒業しました（通常は五年）。というより卒業させられました。卒業後、東京電機工業専門学校を受験し合格しましたが、さまざまな事情により中退しなければなりませんでした。徴兵年齢が二〇歳から一九歳に、さらに召集の対象が一七歳以上になり、在学中に赤紙がくるのではないか（学徒出陣により、在学中の多くの学生が出征しました）、一人っ子であったので残された両親のことを思うと、何とかしなければ、と考えていました。

そんな時に、たまたま東京都が募集していた「昭和の屯田兵」拓北農兵隊のことを知り、こうなったら北海道へ行こうかと思うようになりました。父は「北海道へ行かなくてもいいぞ」と言っていましたが、工場も焼けてしまい先行きがみえない気持ちだったようですし、母は一回台湾と北海道へ行ってみたかったので行こうといいました。家族三人で相談し行こうと決め、応募しましたが、津軽海峡が魚雷攻撃などで通航ができなく、待っているうちに八月一五日をむかえ、玉音放送を家のラジオで聞きました。

戦後「拓北農兵隊」は「拓北農民団」に改名されました。一九四五年九月三日、東京を出発し九月七日に芽室駅に到着し、諸戸村長から歓迎の言葉がありました。芽室には九六世帯が入植しました。町の公会堂に一時集合し、食事、入浴（日の出湯）などのもてなしを受けた後、抽選で雄馬別《おまべつ》地区へ割り当てられました。バスで上美生《かみびせい》まで行き、馬車で雄馬別へ着いた時には、日が暮れていました。小学校のそばの会館で休みました。

その後も会館で一冬過ごして、春から家族三人、何もないゼロからの本格的な雄馬別での生活が始まったのです。当時の生活は、とにかく寒いの一言でした。

最後に戦争を知らない大人、子どもたちに伝えたいことは、戦争さえなければ、いまわしいことがなかったはずなのに、善人が鬼になったり罪人をつくってしまう。戦争というのは、勝っても負けても傷跡が残るので、絶対やってはいけない。

（出典：ピースネット・メムオロ編集『わたしの戦争体験記』第四集所収、二〇一九年刊）

11 振り返れば

平取村入植　内海　綾子

少女時代を過した東京に別れを告げてこの北海道に参りましたのは、昭和二〇年の九月、一面焼野原と化した東京に私共姉弟は、何の未練もなく、ただ広々とした新天地へとばかり北海道に夢をかけて汽車に乗りました。また、すぐ帰れるような軽い気持ちで、隣組の方々と、泣きながら別れ、もう二度と東京の土はふめないという深刻な母の気持ちなど全然感じない私たちは、あまりにも幼な過ぎたのかも知れません。

今ではこちらを朝たてば、翌日は向こうに着いてしまいます。時間的にはほんとうに短縮されました。当時は、東京から平取《びらとり》まで八日間もかかりました。途中大湊に進駐軍が入るとかで、盛岡の学校に何日かを過ごしましたけれど、東北本線の単調な山間の景色を見ているうちにとても心細く、これは大変なところへ来てしまったと、子ども心にも感じたことでした。青森から船に乗る時は、夜中で暗いうえに寒くてオーバーを着たことを覚えています。函館に着いて美味しいイカのゆでたのを食べ、広々とした野山を見て、とうとう北海道へ来たという実感がわきました。

北海道って素晴らしいところ、とてもロマンチックなところと、人々に教えられていましたし、一生に一度は来て見たいと思っていましたので、大変楽しくなりました。

富川から平取までの汽車の中から、稲が穂を出したばかりの水田が続いていました。田んぼもよく知らない私共は、別に深刻に考えず北海道は九月に穂が出るのだなと思っていました（ところが、二〇年の年は冷害で、農家も非農家も大変な食糧難に苦しみました）。平取の小学校で、じゃがいもをゆでてご馳走になり、その時の美味しかったこと、当時の女子青年の方々の暖かいおもてなしは今でも忘れることができません。

入植地が芽生《めむ》に決り四月まで貫気別《ぬきべつ》にお世話になりました。その時もご近所から、よそ者というへだてもなく何かにつけ暖かいご援助を受け、北海道の方は大らかで親切な方ばかりと感謝の日々を送りました。

二一年の春、入植地芽生に参り、何もかも初めての生活が始まりました。電気はもちろん、カンテラの明かりで、石油もないので夜、本を読むときはストーブを開いてその灯で読んだものです。

土地はヤチ（湿地）で大きなヤチ坊主（スゲ）の密集地帯、一メートル以上ものびた熊の煙草（これは水ばしょうという）は私共にとってはヤッカイなしろものです。

ヤチのため畑も作れず、他家の土地を一町歩ほどお借りして、やっとまき付をしました。何しろ鍬も鎌も初めて持ち、土地に肥料をやることも知らず、まけば取れるとばかり思っていました。二一年の年は昨年と打って変わって天候に恵まれ、草はよくのび、草だか、いもだかわからない位。

草を取ることも知らず、「いもですか？　草ですか？」といわれ、あわてて草を取り始めました。その時の収穫は小豆は種子を一升まいて二升収穫しました。いかに知らないとはいえ、今にして思えば、おはずかしいかぎりです。

当時は教員不足で、姉が貫気別の小学校に勤め、復員してきた兄と父と私の三人の稼働力、母はもっぱら代用食造り、弟は小学校六年生でした。冬期間暗渠《あんきょ》（水路）を掘り、やっと畑らしい所ができました。

長い間の草や木の葉のくさって土になった半泥炭地で、火入れするとヤチ坊主と一緒に土地がもえる有様で、うっかり火入れもできませんでした。

二二年に名古屋の方が四戸入植し、既存の方一三戸が、芽生の牧野に入植、開拓者は二三戸になりました。芽生の牧野は、野イチゴと笹で土地はやせ、鎌で野イチゴをかり、笹の根をおこし、山のように積んでは火をつけ、朝暗いうちから起き、夜は星をいただいて帰るという努力が実を結んで、現在の広々とした土地は肥えて、デントコーンものびのびと素晴らしい土地になりました。

前にも書きましたように、教員不足で、姉が、そして兄も芽生の小学校に務めるようになり、稼働力は父と私、弟は野幌の機農高校に入り、生来体の弱かった母も草を取ったりするようになり、ボツボツながらも秋の収穫が楽しめるようになった矢先、母が急に亡くなり、心の中がからっぽになったような日を過ごしました。

弟が卒業する日まで頑張れと皆様に励まされ、馬を飼い牛も入れ、私共の足のうらも、手もかたくなりました。毎日、鍬を振っても痛まなくなりました。弟も卒業し兄夫婦が転勤になり、父と弟の三人ぐらしが続きました。

三〇年に、内海家に嫁入りし、新婚生活の甘い夢も見ていられない毎日でした。開墾地の木を切り、ヤチ坊主を取りけずり大豆、小豆をまき、収穫を楽しみにしていましたら、水害にあい何もかも水泡に帰してしまいました。

長女、一年おいて長男の誕生、三四年の三月、長男の生後五カ月日に電気がつきました。待望の電気がつき、ラジオもつき、人並の生活ができるようになりました。

牛もボツボツふえ、二男二女と子どももふえ、牛舎の新築、離農者あとの土地を買い、文字通りテンテコ舞いの日々を過ごしました。

今では土地も入植当時より広くなり、牧草地に牛がのんびりと草を食む風景。二五年経った現在、子どもたちも中学二年をかしらに末が小学校一年。四人の子どもと共に苦しかった日々を思いおこし、子どもたちの成長と共に、いかにして今までの各資金を返済すべきか、これからの私共の生きて行く課題です。

最後に申したいことは、何とかしなければと、やる気と健康でさえあれば、途はひらけるものと思います。

全道の開拓者もたくさんの方が離農なさいました。芽生では二三戸の入植者の内、六戸が離農、現在一七戸が農業に精魂込めて働いております。これからの日本の農業が、どのようになるかわかりませんが何とか頑張って、一度しかない人生を、悔いのない一生を送りたいと思っております。

（出典：田中忠義・佐々木みき編『拓土に花は実りて　戦後開拓婦人文集（体験記）』所収、一九七一年刊）

紅葉

12　開拓の子

上士別村入植　林　和子

中学一年の四女に「生いたちの記」を学校で書くので、母さん覚えていることを教えてネ、と頼まれ、今までゆっくりと顧みることのなかった子育て時期を振りかえり、はたととまどった。便所に落ちてようやく一命を取りとめたこと、座敷に押し込められ、障子の下段をボロボロに折り、首を出して泣き叫んでいた時の顔。

暗がりでランプをつけたら家の中がもう始末におえない程散らかって困ったこと、思い出といえばこんなことばかり。「それでは恥ずかしくて書けないことばかりでしょう。もう一寸いいことないの」といわれたけれど、全然思い出せない。この開拓地で次々と四人の女の子を育てた私。考えれば考えるほど、生活に追われ食わんがため、今のお母さんたちには想像もつかない育て方をしてしまった。

昭和二〇年一〇月、上野駅に集合、罹災者、復員者、その他種々雑多な大勢の人が、自分の行く先は、北海道とだけしか知らされぬまま汽車に乗せられ、途中でふり分けられ、東京隊として四戸が上士別の開拓地に仲間入りさせてもらったのでした。生活環境が違い、何もかもが知らないことばかり、生活するだけで大変なことでした。

父の固い固い決心に、お勤めをやめてついて来た私、さらに奥地の開拓地に嫁ぎました。情熱をもやし無から有を生み出す素晴らしさ、原始時代の開き方で二反三反と開いて行く楽しさ。無我夢中でさほど苦労と思わなかったようです。天塩川《てしおがわ》の最上流、最も立地条件の悪い北向の気温の低い傾斜地にて、青春のすべてをかけて開拓にとり組んで、時代の移り変わりも目に入らず、ただただ暗くなるまで働き、耕した土地が、今となれば結果的によかったといえず、これだけの努力が何一つ報われなかったようで本当に残念だけれど。

この開拓地で、こんなお粗末に育てた四人の女の子も次々と成人しつつあるが、この清い川の流れ、美しい山々に囲まれた故郷、苦労の多かった生活、汗して働くということ、尊い体験を身をもって感じてくれたこと、開拓地ならではの根性、眼に見えずいい現わすことはできないけれど、何か得るところがあったものと思う。

それが子どもたちのこれからの長い人生に大いにプラスになって行くことを考え、これだけでも良かったのではないかと、自分なりに納得して、子どもたちの成長を見守りつつ二五周年を迎える。

（出典：田中忠義・佐々木みき編『拓土に花は実りて　戦後開拓婦人文集（体験記）』所収、一九七一年刊）

13 明日、北海道入植申込み締切り

初山別村入植　松田　キヨ

昭和二〇年五月、B29の爆撃に、ついにわが家も灰燼《かいじん》に帰し、私は乳呑子を背負って伊賀上野の父母の疎開先に帰っておりましたところ、終戦間もなく南方マラリア罹病でキニーネのためすっかり胃腸をこわし、陸軍病院よりひょろひょろと主人は帰って来ました。

しばらく養生して、会社の寮に入れていただき、すしずめ電車での勤務に、ますます身体が衰弱してゆく主人は、医師からこのままでは、じりひんで逝ってしまうから是非田舎で療養するよう宣告されていた矢先、新聞記事で「明日、北海道入植申込み締切り」とあり、主人は大阪府庁でよく事情を聞き、良ければ申込むようにとのことで、翌日私は府庁に行きました。

庁舎の広い部屋は多勢の人でむんむんして当時の食糧事情の悪い大阪人にはぐっとくる。「手で鮭の掴み取りや、芋や豆などよく取れるので全然食物に不自由しない」という話で、もう誰も彼もこの焼けただれた街から逃げ出したい気持ちで異様な熱気がこもり、私もその雰囲気に誘われ入植を申込みましたが、これが私の人生の後半の別れ目だったのです。

そして、社長始め縁者の強い反対を押し切って渡北の決意を固めました。一〇月二〇日より四日

間の長旅、それはまるで囚人列車のようで、乗る人もなく、道内に入ってから次々と何人か降ろされて行きました。

戦に疲れ灰色のような顔の誰も彼もが、それでも一途の望みを持ち、何とはなしにわずかながら明るさを持っているように見えました。わが家は病身の主人、母、長女の四人で、これから先の未知の地に対する不安と生命を預かる主婦の責任は胸の奥深くのしかかっておりました。後から聞いたのですが、その時の主人の顔は今にも死にそうだったそうですが、私にはそう思えず、何とか元気になってもらいたい一心で分かりませんでした。

主人自身は汽車の旅の様子は、今にしても思い出せないのは余程疲れ弱っていたことと思われます。終着駅築別に最後の二四家族が降り立ったのは一〇月二五日早朝四時、食物も喰べ尽くし寒さと空腹でガタガタしていました。それからまたトラックにシートをかぶせられ、目ざす豊岬《とよさき》まで乗せられました。シートの隙間から覗き見た日本海の海岸には、また驚きました。

白砂青松ならぬ黒い砂が、そのまま黒い波をどす黒く立て、暗く陰気に見えました。ああえらい所に来てしまったと悔みましたが、あれだけの反対を押し切ってきた身にはいまさらと、こらえる心境になりました。豊岬に着いたところ思いがけなく、芝居小屋で芋、南瓜の接待を受け、腹一杯ご馳走になり、その時の親切と味のうまさは生涯忘れることはできません。

私たちが今までこうしてやってこれたのは、土地の人の親切のおかげであると思っております。その後しばらく番屋に分居して一二月一四日義士討ち入りよろしく、山麓の原野の笹小屋に移り住みました。ルンペンストーブと一屯の粉炭の配給を受け、付近の農家より二敷のマキをいただき、雪がしばれてからは毎日山で枯柴を刈り、背負ってきました。

小屋は八軒長屋が三棟、咳ばらいも喧嘩もまる聞えの板一枚の仕切りで何でも筒抜けでした。かんがい溝への水汲み、にしん油の灯りで都会から原始生活に入った一冬を越し、三月一六日の大雪で小屋がすっぽり雪に埋もり肝をつぶした。私たちもその翌日よりの晴天続きに雪国の強い春の喜びを感じさせられました。

当時のお米の配給はわずかで、細い昆布をまぜて炊き、主人は腸が悪いのでどうしてもお米でなければならないので、持って来たお金も、焼け残りの衣類も皆、米や魚に代わる始末でした。幸い四月になると鰊場があり、辛い労働ながら出面に出て行きましたので身欠、塩鰊など大変助かりました。雪が融け私たちの開墾の火入れを村人が教えてくれました。

二四戸が約二反ずつ分けてもらって合同火入れをして、その日は小中学生が火入れの応援をしてくれました。そして、まず一年そこを拓くことになり、一鍬ずつ開墾鍬で掘り、芋、南瓜、豆、とうきび等をまきました。ある人は生鰊をそのまま南瓜坪に埋めたら種も肥料の鰊も鳥にほられてしまい、またある人はから消しを肥料に入れているので、私は何も知らないし不思議な気がしました。

サビタの皮がお金になるというので、主人と山をかけ廻りましたらうるしですっかり私の顔と腕はかぶれ高熱を出し、うずいて一月も医者通いでサビタ代は医者代に変わって骨折り損のくたびれ儲で、それ以来やめました。

いよいよ自分の本地を開拓することになり、主人が火防線の笹を刈り、私はふちを掃除して少しずつ焼き、火入れを行いました。そして、一鍬ずつ開墾して行きました。身体の弱い主人と思われぬ位、楽しそうに太い根っこなど二日も三日もかかって掘り起こしていました。

頑丈な他の人は主人の二倍も三倍も仕事をしましたが、あまりにもお金につながらぬのに見切りをつけ、また何もかも使い果たして家族が風土にあわず死んでしまったりして、秋風が吹き始めると毎年のように一人、二人去り今では二戸になってしまいました。

真っ先に死ぬといわれていた主人が、何人この地での犠牲者の埋葬をしたことでしょう。でも、主人はこの地が自分の命をよみがえらせてくれたので、この開拓に生き甲斐を持ち、土に愛着を覚え、去る人の土地を次々に譲り受け、今でも開墾し続けています。

私は昭和二二年九月より三八年三月まで教員として勤め、最低ながら家族の口を守りました。子どもたち五人も主人の手となり足となってよく働いてくれました。時には大きな木を伐り倒し、ガンタで転がしバチを引き馬を使い脱穀、草刈りなど男の仕事をすべてやってくれて逞しく成人し、長女は嫁ぎ二、三、四女は東京、大阪で今は勤めに出ております。

私は教員をやめてから農婦として主人の手伝いをしています。主人は常に地域の人に農業の機械化を奨め、まずわが家でトラクターを入れてより水田農家も次々とトラクターを持つようになり、常に農家の人がいろいろと相談にこられて助言を受けております。

水田の危機に面して昨年より牛の育成もぼつぼつ始め出したので喜んでおります。共に北海道の農家が良くなるよう手をたずさえていきたいと私も願っています。主人も長い間、開拓の同志といろいろの運動を続け、農機具、井戸、電気、畜舎、道路など特に住宅問題では随分組織や役所の皆さんのお世話になってこれまでになることができましたことを、何時も感謝しています。

それに応えて、いよいよこれから修業を終えて戻った息子と共に本格的に牧畜業に邁進し、外国に匹敵する牛の生産にもファイトを燃やし、より良く、より安く、より多く、より無駄なく牛作りに専念するつもりです。

私はこの美しい自然の中で働くことができる喜びをしみじみ感じます。

（出典：田中忠義・佐々木みき編『拓土に花は実りて　戦後開拓婦人文集（体験記）』所収、一九七一年刊）

14 私の戦争体験　大阪から網走へ

斜里町入植　分部　米子

明治三九（一九〇六）年、日露戦争が大勝利に終わり、盛大なお祝の提灯行列が行われたことを、私を生んだ産褥《さんじょく》で聞いたと、母が話してくれました。この軍閥旺盛の時に生まれ育った私は、いま考えると何の疑いもなく軍国主義の教育を受け、戦争に協力し、真剣に国のため天皇陛下のためと考えて生きてきた無知無能な母親でした。

＊戦争というもの

それは忘れもしない昭和一六（一九四一）年一二月八日のことです。ラジオから「陸海軍は米英軍と戦闘状態に入れり」、という太平洋戦争開戦の放送が流れてきたのは――。

その頃、夫は東の資生堂、西のクラブといわれた大阪の大きな化粧品会社の宣伝部長でした。数え年一二歳を頭に四人の娘とともに幸せにくらしていたある朝、あまりにも突然に、私たち庶民にとっては寝耳に水の出来事であり、今だにそのラジオからの言葉が頭の中にこびりついています。

その時から、私たちの生きる道がメチャメチャになりました。昭和一七年一月に生まれた末っ子は、衣料切符制になったため産着は一枚も買えませんでした。お米もお砂糖も、配給制になりました。戦争は日々激しくなり、食糧難は深刻になって食べ盛りの子どもがお腹をすかせ、それをがまんしているのを見るのは切ないものでした。女学校一年の上の子が、学校からの配給で小さい黒いパンを一つ食べないで持って帰り、妹たちに食べさせている姿は、うれしくもあわれでした。

一升炊きのお釜に水を八分目入れ、一合の米を大根の葉をきざんでまぜたお粥、イラ草、アカザ、芋の葉のおかず、衣類を持って農家に行き、頭を下げてやっと末成りのカボチャをわけてもらったり、少しの土地に野菜の種を蒔いたり、ドングリの渋い粉を水でさらしてお団子にして食べたりしました。

隣近所では次々に召集令状が来て、「バンザイ、バンザイ」と、毎日出征兵士を見送りました。私たちは、来る日も来る日もバケツリレーの練習や竹槍訓練、火たたきで火を消す練習、手留弾の投げ方、避難訓練のために並んだり、新兵器の空襲にこんなちゃちな訓練が役に立つのだろうかと後で思ったけれど、その時は命令に従い必死にがんばりました。

本土空襲がはじまり、大阪の空は昼も夜もB29の編隊が飛んでいました。夜ねる時も着のみ着のままでした。空襲警報になると一歳の末っ子を背に、前に食糧の袋をぶら下げ（袋の中は炒大豆と貴重なカンパンです）、両手に子どもの手を引いて防空壕に入りました。毎夜三度はこれを繰返し、眠る暇はありませんでした。

朝起きてガスが止まっているので、カマドで木を燃やし食事の支度をしていても、空襲警報になれば火を消して待避します。解除になってもお釜の御飯は半煮えで食べられず、そのまま子どもたちは学校に行きました。

朝送り出す時は、これが最後になるかも知れないと覚悟をして送り出しました。グラマン機の襲撃の時は壕に行く暇がなくて、押し入れの布団の中で子どもたちを抱きしめて、息を殺して敵機の通過を待つ、その時間の長さと苦しさは今も忘れることは出来ません。猫の子一匹逃さないという超低空での機銃掃射には、震動で窓ガラスもメチャメチャにこわれました。

B29が二〇機も三〇機も悠々と飛んでいるのに、日本の高射砲は一発もあたりません。B29の編隊が通過しやっと壕から出たとたん、飛行機は引き返して来て爆撃し、そのために死んだ人もたくさんいました。引き返して来た時の驚きは、言葉ではとても言い表すことは出来ません。そのやり方のにくらしさに手も出ないくやしさ！　それでも「ほしがりません勝つまでは」と、子どもたちも必死でがんばりました。

御飯を炊くにも薪の配給などはなく、タンス、本箱、机、長火鉢、子どもたちのスベリ台、シーソなど、あらゆるものをこわし煮炊きに使いました。

※学童疎開と学徒動員

空襲がますます激しくなり、第二の国民を殺すわけにはいかないと、学童疎開がはじまりました。わが家でも、小学校五年生と三年生の娘を疎開させました。「死なばもろとも」と思ったけれども、半強制でどうにもなりませんでした。

出発の時、「もしお父さん、お母さんが死んだらここに行きなさい」と、東京に住む私の姉の住所を書いた手紙を渡し、涙をこらえて送り出しました。その姉も、二〇年三月一〇日の東京大空襲で焼け出されました。その日一晩で、一〇万人もの死者が出たということを後で聞きました。

空襲の少ない時をみて、学童疎開先へ面会に行きました。行くたびにやせ細っていくわが子を見るにしのびなく、陰膳《かげぜん》に願いをこめて疎開地の無事を祈っていました。疎開先で爆死した子どもたちのニュースを聞いて、生きた気はしませんでした。

長女は学徒動員で学校から軍需工場へ働きに行きました。「九七式投下管制器」という爆弾を落す機械を作っていたそうです。軍需工場は空襲の目標になる一番危ない所で、あちこちの軍需工場で直撃弾を受けて、多くの学徒が死んでいった話を聞かされ、毎日毎日家に帰って来るまでの心配は身も細る思いでした。気の休まる時もなく、夜も昼も空襲におびやかされて、地獄の責苦でした。

❋戦火の大阪

特に大阪大空襲は物凄く、Ｂ29の編隊が焼夷弾を雨のように降らせ、落ちたとたんに地上は真赤な炎となって燃え上るのです。夜空を焦がす炎のすさまじさは、今も目に焼きついています。ヒュルヒュル、ヒュルヒュルヒュルと焼夷弾を次々落とし、みるみるうちに街中が火の海となりました。

真夜中に新聞が読めるくらい明るく、ただただ呆然として燃え上がる炎を見ていました。燃えるにまかせたこの惨事に、誰もが一度は死を考えたと思います。その後、真黒い雨が降ってきました。硝煙《しょうえん》の中に降る雨だから黒いのだ、ということは後で知りました。そして、夜明けを迎えた時、家を焼かれた人たちがうつろな顔で手に何も持たないで目的もなく、ただ逃げる人びとの波、戦争のおそろしさ、戦争による地獄を見る思いでした。防空壕の中でもたくさんの人が死にました。少し離れた所に爆弾が落ちて、家は跡形もなく吹き飛び、その跡に大きな深い洞穴があいていました。

それでも国民は、国中の人が心を一つにして戦っていることを信じ、「必ず日本は勝つ」と思っていました。いま、長い間にわたっての教育のおそろしさを痛いほど感じるのです。

その頃「大阪帰農集団北海道行き」の募集がありました。お米のご飯が食べられる、小豆は馬に食べさせるほどあるし、農地も農機具も家も無償、汽車賃もいらないという政府の宣伝でした。学童疎開でやせ細った子どもたちに食べさせたい一心で、農業の経験もないのに応募しました。この宣伝に乗って、大勢の人たちが北海道行きを決意しました。

このことは、大阪の人口を減らすのが目的であったということを、後で知りました。受け入れ態勢もぜんぜん出来ていなかったことも、後で聞きました。

この後に広島と長崎に原爆が落とされ、一瞬の間に地獄と化した八月六日と九日、原爆の恐ろしさは言語に絶するものでした。この次は大阪というデマにおびえながら、広島・長崎の惨事を聞いていました。

※敗戦と北海道帰農集団

昭和二〇（一九四五）年八月一五日、ポツダム宣言受諾を決定、戦局終結の天皇陛下の玉音放送があり、戦争は終わりました。日本は敗けました。長い間、黒い幕の部屋で過ごした日々を思うと、今日から煌々《こうこう》と電気がつけられるのは嬉しいことでした。敗れたことは悔しいけれど、戦争が終わった喜びは大きく、四六時中はりつめていた気が一度にゆるみ、呆然としました。

しかし、戦後のくらしは一層きびしく、いろいろ考えてやはり北海道へ行くことになり、一〇月下旬に大阪を後にしました。心残りもたくさんあったけれど、追いつめられたような気持ちで大阪を発ちました。この時の気持ちは、後になって考えてみても冷静ではなかったように思われます。汽車賃のいらない汽車は路線の空いている時に走り、都合で三〇分も一時間も途中で止まって待つこともありました。汽車といっても牛や馬を運ぶ貨車で、窓もなく夜は無気味でした。ゴツゴツした板の上に座って、頭の中から消えないグラマン機の黒い影をいつまでも追い払っていました。津軽海峡を渡る船は病院船で、立錐の余地もなく座ったまま身動きも出来ませんでした。でも、終戦後なので潜水艦がいなかったことはしあわせでした。函館に着き、生まれてはじめて見た北海道の広大さに驚きました。

それと同時に、わけのわからない不安とくそ度胸のようなものが入りまじった気持ちで、もはや後へは引けないのだ、前進しか道はないのだ、と思いました。それでも子どもたちは、はじめてリンゴがなっているのを見て喜び、イカの干してあるのをめずらしがったりしてはしゃいでいました。この子どもたちの前向きの行動にとても励まされました。

目的地の斜里町に着き、やっと汽車から降り、物めずらしそうに見ている人たちの中をトボトボ歩き、与えられた家に着いた時の驚き、その家は半地下で削ってない板の上に荒莚が一枚敷いてあるだけでした。かつての兵隊さんの三角兵舎でした。

着いた時は一〇月の終りで北海道の風は無情に冷たく感じました。暖かい大阪のくらしから北国の寒さに向うのに、この無防備の姿でどうして冬を越したらいいのか、ストーブもなく雪の上を歩くはき物もない。そのうえ土地といえば三里も山奥の熊が出るという傾斜地で、五町歩全部耕やさなければ自分のものにはならないという、気の遠くなるような話です。食糧も宣伝とは大違いで、小豆はここでも宝石でした。

未開地の荒れ地を、持ったこともない重い島田鍬でどうして開墾したらいいのでしょうか。それでも鎌を持ち、草を刈ったけれど手ばかり切って仕事にならず、初めてはいた地下足袋ではとうてい歩くことさえ困難でした。こんなことは冷静に考えれば、はじめからわかっていたことだと思います。でも、追いつめられた私たちにあの時、それを考える余裕はありませんでした。

一年経ち、農家をやめて夫は網走の職安に行き、網走新聞社の支配人の職が決まり、網走に移りました。でも、せっかく手にした職場なのに夫は社長さんと意見が合わず、三カ月で新聞社をやめてしまいました。その後、先年亡くなられた網走地方史研究協議会会長の田中最勝先生と一緒に、小さな雑誌を出したけれど、それもまた長くはつづきませんでした。

その後は、若い頃、関西日本画壇の指導者といわれた竹内栖鳳《せいほう》画伯に一〇年間師事していた夫は、あれこれ迷わず日本画家として絵一筋で生計をたてることにしました。

※二度と戦争への道は歩むまい

四人の娘たちも無事に高校を卒業させ、それぞれ家庭を持ち、あの時の疎開児二人も大学生の子をもつ母になりました。

やっと一息ついた時、私たちはあまりにも年をとりすぎていました。それでも老人二人静かな生活を一二、三年もつづけました。後二年で金婚式という時、苦労を共にした夫は食道癌で入院、四カ月半の末、苦しみもせず四人の娘夫婦が見守る中で静かに八〇年の生涯を閉じました。三回忌も終え、私もやっと寂しさから立直り、一人で静かに考える日が多くなりました。

今の生活は悲惨な歴史の上に成り立っています。そのことを思い、終戦後の苦しい生活にも耐えてきました。その頃の生活状態は一見平和で満足しているように見えるけれど、ほんとうは生活の

分部さんの三女・谷陽子さんが描いた「斜里岳」

不安にさらされていると思います。

物価は上る、教育と福祉の予算は減らし、軍事費の増額、国債乱発により国民のくらしを破壊し、軍備拡張、徴兵制の復活をねらい、戦争へ戦争へと歩を進めている政府は、昔通ったこの道を再び走ろうとしています。けれど明治に生まれた私たちの時とちがって、今は若いお母さんたちが学習し、政府のやることを鵜呑みにするような女性は少なくなりました。

全国で戦争反対のためにがんばっている人たちがたくさんいます。母親として、子どもを戦争に出したい人は一人もいないでしょう。母親こそ戦争への道を阻止する力が一番強いと思います。

もうあの地獄のような戦争を再び繰り返したくはありません。戦争の苦しみは、私たちだけでたくさんです。そのためにも、私は戦争体験を次の世代に語りついで行きたいと思います。

侵略戦争とも知らず、戦争に協力した愚かさが悔やまれます。平和は、向こうから歩いてくれないのです。これからは何が正しいか、何が間違いかを見ぬく目をもち、平和への願いを達成させるためにがんばりたいと思います。

身に細る学童疎開案じつつ生き抜きし母われも老いたり
しのびよる戦争への足音阻まんと生命を生みし母らよりあう
——母親大会参加——

（出典：オホーツク女性史研究会『オホーツクの女たち』第五号所収、一九八一年）

◆拓北農兵隊に関係する創作者 紹介

鵜澤 希伊子

神田 日勝（画家）

一九三七年一二月、東京都板橋区練馬（現練馬区）に誕生。八歳で空襲を逃れ、北海道十勝鹿追村に入植。営農を継ぎ、開拓のかたわら、独自の表現を探求し、馬や身辺の風物を描く。ＮＨＫ連続テレビ小説「なつぞら」の山田天陽のモデル。

作品「室内風景」「晴れた日の風景」未完の絶筆「馬」など。

無理がたたり、三二歳で突如病魔に襲われ夭折。

神田日勝記念美術館（北海道河東郡鹿追町東町三丁目二）で傑作を鑑賞することが出来る。

細谷 源二（俳人）

一九〇六年九月、東京都小石川生まれ。一九四一年新興俳句弾圧事件で逮捕、二年余投獄される。敗戦直前、空襲で全家財を失い、拓北農兵隊として一家を上げ渡道。開墾の苦労の中で「地の涯に幸せありと来しが雪」などの佳句を生む。その後「氷原帯」を創刊。一九七〇年一〇月没。

友田 多喜雄（詩人、児童文学者、著述家、東西版画収集家）

一九三一年一月、東京都本郷に生まれる。一九四五年七月、戦災集団帰農「拓北農兵隊」に加わり、母姉と三人で、士別町下士別の開拓地に入植。当時中学二年生の一四歳。

北海道農民の貧しさ、無理解さを身をもって知り、その中に身をおいて社会に知らせ、改革を決意する。二〇年間開墾、開拓に従事。牧草花粉アレルギー症のため離農。

若い時代に、書店でルオーの版画集を目にし、生の絵を毎日眺めての生活がしたいと、独力でルオーの版画収集を始める。その後、東西の本物の絵画の収集を始め、その数二千点余。この優れたコレクションは現在、北海道立美術館に寄贈されており、だれもが鑑賞可能となっている。

開拓、開墾生活のかたわら、詩、童話、子どものための詩、農民問題などの創作、著述活動を続ける。『詩法――ベトナム反戦と愛の詩集』で第二回小熊秀雄賞を受賞（一九六九年）。北海道栗山町に在住。

謝花 栄昭（人生記録『根曲がりだけの青春』作者）

一九三三年沖縄で生まれ、大阪で育つ。一九四五年一〇月、戦後開拓団として北海道斜里町に家族七人で入植。一九四九年の中学卒業後、一九五五年まで開拓農業に従事。一九五八年斜里町役場に就職。役場退職後、観光協会、弘済会などに勤務。

大阪から渡道六〇年を経たのを機会に、戦後開拓は何だったのかを後世に伝えるべく、「戦後開拓北海道大阪集団斜里町豊里地区歴史研究会」で記録を取り始める。

『根曲がりだけの青春』は自身の自分史、開拓当時の回想録より構成されている。豊里地区には三五戸が入植したが、一九八〇年の全戸の離農により、開拓地区の歴史は幕を閉じた。

菊地　慶一（作家）

一九三二年旭川市生まれ。一九四五年一三歳の折、釧路市で北海道空襲を体験。北大雪の山村に疎開し、戦後開拓を体験する。

その後オホーツク管内の小学校、高等学校に勤務。網走市在住の四四年間に流氷記録、北海道空襲、戦後開拓、捕鯨などをテーマに童話などを執筆、出版多数。林白言文学賞、北海道新聞文化賞などを受賞。現在は札幌市在住。

『黄色い川—北海道戦後開拓・離農農民誌』（書肆山住　二〇二〇年一〇月発行）では、自分史で開拓農民の苦難や悲痛な気持ちを訴え、一家の戦争体験を綴り、離農せざるを得なかった開拓農民の悲惨な姿を記録している。庶民の眼を通しての戦争体験の傷を記録せずにはいられなかったのであろう。

「国は敗戦間近の七月から空襲戦災者、外地引揚者、復員者を、北海道各地に入植させたが、開拓困難な土地だったため、ほとんどは挫折し、土地を離れ、成功した人も後年農業経営が難しく、やむなく離農の憂き目にあった。これらを総じて、北海道戦後開拓という。開拓者は全道各地で、荒地を開いただけでなく、既存農家に刺激を与え、新しい文化をその土地に生み出して、戦後開拓者たちの貴重な痕跡は、現在の北海道を支える隠れた歴史になっている」と綴っている。

『黄色い川』を昭和一桁生まれの作者・菊地氏は、「お上に向かっての石つぶて」という。戦後開拓者たちは戦争犠牲者、庶民、弱者であった。昔も今も国家は弱者をおとしめている。これまでに何度、棄民政策が繰り返されたことか。国家最大の罪悪「戦争」の足音が近づく今、『黄色い川』を書いた。再び「これを許してはならない」と、多くの弱者に伝えるべく――。

佐藤　水人里（歌文集『凍てつく銀河』作者）

一九三八年一月、東京都豊島区に生まれる。一九四五年五月の山の手空襲に遭った後、教員だった父母が、大自然の中で子育てをしたいと拓北農兵隊に応募、終戦直前の八月、両親、生後間もない弟との四人で、北海道秩父別村に入植。

食べ物にも困る生活の中、北海道で生まれた妹を亡くし、さらに母も病死後の一九四八年、東京に戻る。

歌文集『凍てつく銀河』（いりの舎）は、拓北農兵隊の子としての空襲体験、終戦、初めての冬、子牛の死など厳寒地での貧しい暮らしをドキュメント風につづる約二一〇首。

短歌は二〇一一年大学の市民講座で始め、戦後七〇年（二〇一五年）に「拓北農兵隊」をテーマに過酷な環境下で亡くなった人たちのため、稀有《けう》な体験を残したいと、八歳から一一歳までの四年間の経験をまとめた。

『凍てつく銀河』は第三五回北海道新聞短歌賞の本賞を受賞した（二〇二〇年一一月五日発表）。長年のご苦労が報われたのではなかろうか。

現在、東京都日野市在住。茶道「石州流」を自宅で教える。

村瀬　展子（歌文集『生活《たつき》』作者）

東京都世田谷区で洋裁店経営。北海道士幌の旅館の娘として一九二八年五月誕生。長じて美しい娘に成長する。

後に夫となる村瀬富士男氏は東京都上野に生まれ育ち、出征後復員して北海道士幌に拓北農兵隊として入植した親兄弟のもとに帰還、帰京する親兄弟に代わり開墾、開拓を引き継いだ。

展子さんは富士男氏に見初められ結婚する。

富士男氏は独力で開墾し借金も返したが、無理がたたり三三歳の時に脳溢血で半身不随となる。その後半身不随のまま一九九一年に六七歳で亡くなる。

展子さんは二八歳で三人の幼な子と半身不随の夫を抱え、洋裁で身を立て生きるために悪戦苦闘する。一九七五年六月東京に出て、井の頭線久我山駅そばに洋裁店を開き、その後世田谷区砧に移転、現在の店は四軒目。

短歌は七〇代に入ってから、お客であった歌人の森幸子さんに勧められて始め、数年間指導を受けた。子どもらに残したいとの思いを詠む。素朴にありのままの生活、思いが詠われている。

これを偶然長男の峰男氏が発見、母の苦労の人生、誰にも語らなかった胸の内を思い、その記録と感謝の気持ちを込め、歌文集『生活』を出版（二〇一七年一〇月）する。夫、妻、息子の愛の結晶集。

小笠原　美那子（絵手紙講座講師）

一九三〇年一〇月生まれ。高齢者の生涯学習教室「江別市蒼樹大学」など各所で絵手紙指導を続けてきた。

大阪で空襲を体験、拓北農兵隊の分部米子さん（Ⅲ章の手記「私の戦争体験　大阪から網走へ」〔二五九ページ参照〕）の娘として開拓の苦労も体験した。

『黄色い川』の作者の菊地慶一氏は小笠原さんの娘が小学校一年生の時の担任教師だった。現在、江別市に在住し、地道に戦争反対を叫び続けている。

あとがき

本が完成するまで持つかしらというようなトシをして、「やりたい」という思いにつき動かされて、この本の刊行準備を始めた。

早乙女勝元さんには計画の段階から相談にのっていただき、お忙しい中から長文の玉稿を寄稿していただいた。各地の「拓北農兵隊」の体験者からは、思い出すも涙の手記を寄せていただいた。多くの方々の援助、協力のおかげで本書は何とか完成の日を迎えることが出来たのである。

手記の筆者に掲載承諾のお願いを何度も出したり、私の思いをご理解いただくために、電話口で頭を下げ続けたりした苦労は、今ではもうどこかに吹っ飛んでしまった。

あとはひとりでも多くの読者の手に渡り、戦争にまつわる事実を理解して、発行への思いに共鳴していただきたいと願うばかりである。


私が刊行作業に携わっていた間に、二つの発見があった。

発見の一つは、「拓北農兵隊」が「拓北農民団」に名称を変更した時期と、理由が分かったことである。

一九四五年八月三〇日付の北海道新聞に、次のような見出しの小さな記事がある。

《新農村建設へ――集団帰農を「拓北農民団」に改称

戦災疎開者の集団帰農は現在までに第九陣一千八百二戸、八千九百二十六名が道内各農村に入り、独立就農の諸準備を進めてゐるが、これら集団帰農者に対する指導は戦局の急変に応じて従来の拓北農兵隊といふ呼称を、拓北農民団に改めるとともに新日本建設の基盤となるべく新農村建設といふ観点から生活、営農指導を行ふことになった。現在までに入地した集団帰農者中、第四陣神奈川、第八陣大阪、第九陣愛知の他は全部東京都からで、支庁別にみて上川の四百十四戸、二千三十九名、十勝の四百三戸、一千九百三十三名が最も多い。》

予想通り、「戦争が敗戦の形で終わり、新日本として生まれ代わる」を巧みに利用したのであった。そしてこれを悪用し、募集の際の条件のほとんどを「戦争に負けたのだから」と、帳消しにしたのだ。「拓北農民団」はその後、外地引き揚げ者、軍隊からの復員者を巻き込んで大きく膨れあがったのである。

二つ目は、拓北農兵隊は元々は東京都民の罹災者救済を目的に始められたものだったが、いつしか全国的な規模となっていたということである。主要都市が連日の空襲で膨大な被害を受け続け、罹災者が急激に増えていったという事実によるものだろうと考える。

本書のまとめとして、日本の庶民の暖かな挿話で締めくくりたい。

ここに一九六四（昭和三九）年一一月七日付の北海道新聞の記事がある。

《開拓地へ贈り物　本紙「いずみ」がかけはし

開拓地の女教師と主婦が、北海道新聞の「いずみ」への投稿がきっかけで友情を暖め合い、さらにその友情が大きく輪を広げて、開拓部落に愛のプレゼントが次々と寄せられている。

女教師は戦時中、東京から拓北農民の一員として帯広市川西町西清川で教壇に立ち、現在川崎市に転居した鵜澤希伊子さん（三三歳）。主婦は立命館大学卒業後、渡島管内長万部町字静狩の開拓部落で同窓の夫を助けて酪農に励む土本満智子さん（三〇歳）。

昭和三六年冬、北海道新聞家庭欄「いずみ」に、土本さんの〝計画的な献立を農村生活に盛り込めないのは農家の主婦の無知を示すものだ〟と手厳しい批判が掲載されたのに対し、当時、鵜澤さんは〝それは農村の多忙さと材料の乏しさが原因で、主婦に責任をもたせるのはひどすぎはしないか〟と反論。しかし、このやりとりで土本さんと鵜澤さんは以来、文通で親交を深め、互いに詩や開拓地の生活、教育について意見を交換、励まし合う間柄になった。

昭和三六年暮れ、開拓地の悲惨を聞いた鵜澤さんの友人・蟻川教子さん（東京都・しのぶ幼稚園長）から、子どもの衣類が土本さんあてに、どっさり送られ、土本さんは近所の部落の人にこれらをおすそわけ。お返しにとみんなで雑穀類とジャガイモ合計三俵を送った。折り返し、蟻川さんから〝荷物の送料代に〟と現金三千円が部落に届けられ、部落では好意をいつまでも残そうと長テーブル四個を購入、いま共同で使用している。

三九年二月と一〇月の二回、国際キリスト大学教授、東京大学講師の高橋三郎さんから、部落あてに段ボール箱九個に、びっしりの衣料が詰められ届けられた。川崎市に戻った鵜澤さんから開拓地の生活を聞いた鵜澤さんの恩師・高橋さんが、せめて何かの足しになればと送ってきたのだ。

今、土本さんら部落の主婦たちは、ジャガイモやニンジン、豆類をお礼に送ろうとヒマをみては、みんなで荷造りに追われている。》

今も土本さんとは友情が続いている。お会いしたことは、たった一度きりなのに……。


国はいつも、国民に冷たい。そんな中でもみくちゃにされている庶民は、お互いの立場への察しがよく、弱い立場の人ほど温かい。

私はいろいろな場所で私の体験を訴え、支援をいただいてきた。それが苦労の渦中にいる人々への励ましとなってきたことを、強くお伝えしたい。


最後に出版に全面的に協力いただいた石井次雄さんのお力添えに深謝申し上げます。

また、カバー用写真の山下展子さん、絵手紙の小笠原美那子さん、斜里岳の絵の谷陽子さんはそれぞれの作品をご提供くださり、北海道への思い、悲惨な話題の本に温もりを与えていただきました。ご協力に厚く感謝申し上げます。

そしてきめ細かな編集で出版を進めてくださった山本邦彦さんをはじめ、高文研のみなさんのご尽力に心からの感謝とお礼を申し上げて筆をおきます。

本当にありがとうございました。

二〇二〇年一一月二四日　九〇歳の誕生日に

鵜澤　希伊子

【編著者：紹介】

鵜澤　希伊子（うざわ・きいこ）

1930年11月、東京都世田谷区で誕生。1945年４月13日、山の手大空襲で牛込区(現新宿区)揚場町で罹災、その後都内を転々として何度も罹災、家族はばらばら、無一物となる。父が目黒区から拓北農兵隊に応募、敗戦後の９月４日、上野をチャーター列車で出発、北海道河西郡川西村に入植。

学業のため一時帰京したが、1949年４月、母の死で北海道に戻り家業を助ける。その後小学校助教諭に。複複式指導の小学校教育を始める。その間通信教育や講習を受け、小学校教論資格を取る。

入植後17年で父の開墾作業が完成、検査に合格して自分の土地となったのを機に離農を企てる。1963年３月、父とともに帰京。

63年４月より私立平和学園小学校（茅ケ崎市）に勤務。その後川崎市、東京都の教員となり、主に障碍児学級を担当する。88年３月、57歳で退職。

職を捨て、家族を捨て、国を捨て、自分からすべての束縛を取り払おうと88年９月にフィンランドへ単身渡航。「日本紹介」をしながらフィンランド語と文化を学ぶ。97年１月、父の介護のため帰国。フィンランド体験は『素顔のフィンランド』『続素顔のフィンランド』（ともに文芸社）にまとめる。

帰国後は妹の鵜澤良江（本書177ページ参照）と父の介護をしつつ、全日本年金者組合都本部調布支部で、年金引き下げ違憲訴訟の原告の一員として活動。ほかに調布飛行場問題を考える会、戦争は嫌だ調布市民の会、原発ゼロ調布行動などの市民運動に参加する。

僻地教育の体験、拓北農兵隊の開墾・開拓の労苦を綴った生活記録『原野の子らと』（福村書店）は、奈良岡朋子さんの主演で文化放送で連続ラジオ放送劇となり、全国放送された。

知られざる拓北農兵隊の記録

●二〇二一年二月二五日――第一刷発行
●二〇二一年六月一日――第二刷発行

編著者／鵜澤希伊子

発行所／株式会社 高文研
東京都千代田区神田猿楽町二―一―八
三恵ビル（〒一〇一―〇〇六四）
電話03＝3295＝3415
https://www.koubunken.co.jp

印刷・製本／精文堂印刷株式会社

ISBN978-4-87498-751-3 C0036